7

Band 18 · Juli 1982

isotopenpraxis

AKADEMIE-VERLAG

ISSN 0021–1915 Isotopenpraxis, Berlin 18 (1982) 7, 237–272

EVP 9,– M 32036

ISOTOPENPRAXIS

herausgegeben von J. Mühlenpfordt, Berlin

An unsere Autoren

Die Zeitschrift veröffentlicht Beiträge zu folgenden Themen. Kontrolle und Analyse radioaktiver und stabiler Isotope, Anwendung radioaktiver und stabiler Isotope in allen Gebieten der Forschung und Technik der Industrie, Landwirtschaft und Medizin, Herstellung radioaktiver und stabiler Isotope sowie von markierten Verbindungen, kernelektronische Geräte für die Isotopenanwendung (Dickenmesser, Dichtemesser u. ä.) Detektoren für isotopentechnische Arbeiten und den Strahlenschutz in Isotopenlaboratorien, Meßtechnik und Strahlenschutz, Dosimetrie in Isotopenlaboratorien, kerntechnische Geräte für die Isotopenanwendung (Beton, Bestrahlungsanlagen u. ä.), Strahlenchemie, Radiochemie, ökonomische und perspektivische Fragen, Fragen der Weiterbildung.

1 Aufnahme von Manuskripten

Zur Veröffentlichung angenommen werden nur druckreife, noch nicht anderweitig publizierte Beiträge in deutscher, englischer oder russischer Sprache zum Themenbereich der Zeitschrift und zwar

Originalarbeiten
Kurze Originalmitteilungen
Aus der Praxis
Zusammenfassende Berichte
Tagungsberichte
Informationen.

Sind der Beitrag oder Teile daraus bereits veröffentlicht oder ist eine anderweitige Veröffentlichung vorgesehen, so muß dies der Redaktion mit genauer Angabe der Zweitveröffentlichung mitgeteilt werden. Mit der Annahme des Manuskriptes behält sich der Verlag das Recht der Vervielfältigung, Verbreitung und Übersetzung innerhalb der gesetzlichen Schutzfrist vor. Auszugsweiser Nachdruck oder photomechanische u. a. Wiedergabe sind an eine schriftliche Genehmigung des Verlages gebunden. Manuskripte, Zeichnungen und Photos von veröffentlichten Arbeiten werden nur auf den besonderen und bis zum Zeitpunkt der Veröffentlichung mitgeteilten Wunsch des Autors zurückgesandt.
Bei der unverlangten Einreichung von Manuskripten wird empfohlen, eine Befürwortung eines der Herausgeber oder Redaktionsausschußmitglieder beizufügen.
Manuskripte sind einzureichen bei der Redaktion, DDR 1086 Berlin, Leipziger Str. 3 – 4.

2. Form der Manuskripte

Die Autoren werden gebeten
2 Manuskripte, eines davon in Original-Maschinenschrift, einseitig und mit 2zeiligem Abstand einzureichen; gut leserliche Photokopien sind zulässig, auf dem 1. Blatt (unter Weglassung der Bezeichnung)

den Titel der Arbeit
Vorname-Initialen und Namen sämtlicher Autoren
gegebenenfalls die Institution, in der sie tätig sind
eine kurze Zusammenfassung der Arbeit von höchstens 15 Zeilen
Keywords in alphabetischer Reihenfolge und
als Fußnote die Anschrift der Institution anzugeben.

wenn möglich auf gesonderten Blättern Namen, Titel der Arbeit und Zusammenfassung in den beiden anderen obengenannten Sprachen 2fach beizufügen;
Literaturhinweise (fortlaufend numeriert), Fußnoten, Tabellen, Abbildungen (in 2 – 3facher Veröffentlichungsgröße), Abbildungsunterschriften (getrennt von den Abbildungen, mit Zeichenerklärungen, Quellenangaben, falls erforderlich, und gegebenenfalls mit einem Vermerk für besondere Wünsche bezüglich der Abbildungsgröße), private und Dienstanschrift der Verfasser mit akademischen Titeln und ausgeschriebenen Vornamen auf besonderen Blättern ans Ende des Manuskriptes zu stellen;

Wünsche für den Kolumnentitel (Seitenüberschrift) bekanntzugeben;
Absätze durch Einzüge von mindestens 3 Anschlägen kenntlich zu machen, die Maßeinheiten des SI-Systems ("Systéme International") zu verwenden;
Korrekturen im Manuskript unmittelbar an der zu korrigierenden Stelle anzubringen;

Formeln deutlich lesbar und möglichst groß einzutragen;
Farbabbildungen und nachträgliche Änderungen oder Ergänzungen in Abbildungen zu vermeiden;

hervorzuhebende Textstellen zu unterstreichen, und zwar halbfetten Satz mit einer geraden schwarzen Linie, kursiven Satz (Schrägschrift) mit einer blauen Wellenlinie (alle Eigennamen). Sperrungen gestrichelt;
besondere Buchstaben durch farbige Unterstreichung zu kennzeichnen, und zwar Formelzeichen in

Griechisch-Kursiv ($\alpha, \beta, \ldots$) rot,
Kursiv ($A, B, \ldots$) blau
halbfetter Kursiv ($\boldsymbol{A}, \boldsymbol{B}, \ldots$) 2 Linien blau (Vektoren),
halbfetter Grotesk (**A**, **B**, ...) 2 Linien violett (Tensoren),

bei Literaturangaben auf Vollständigkeit zu achten. In nachstehender Reihenfolge müssen angegeben sein

a) bei *Zeitschriften*. Vorname-Initialen und Namen sämtlicher Autoren Titel der Zeitschrift (nach „Periodica Chimica" oder möglichst wenig gekürzt), Bandnummer (unterstrichen), Jahreszahl (in Klammern), Heftnummer (nur bei Zeitschriften, die jedes Heft mit S. 1 beginnen) sowie die Seitenzahl, auf der die zitierte Arbeit beginnt.

b) bei *Büchern*: Initialen der Vornamen und Name des Autors (Herausgeber werden durch den Zusatz „ed." gekennzeichnet), voll ausgeschriebener Titel des Buches in der Originalsprache, evtl. Bandnummer, voll ausgeschriebener Name des Verlages, Nummer der Auflage (außer der ersten), Erscheinungsort(e), Erscheinungsjahr (hier nicht in Klammern setzen!) und evtl. Kapitelnummer, Seitenzahl u. ä.

c) bei *Sammelbänden, Tagungsberichten*: Es soll zusätzlich der Titel des zitierten Beitrags angegeben werden. Die Seitenzahl muß unbedingt angegeben werden. Aus dem Zitat muß hervorgehen, ob es sich um einen Tagungssammelband oder um einen noch nicht veröffentlichten Vortrag handelt. Zwischen Tagungsort und Erscheinungsort des entsprechenden Tagungsberichts ist zu unterscheiden.

3. Korrekturen

Der Autor erhält zwei Umbruchabzüge, von denen einer möglichst schnell korrigiert an die Redaktion zurückgereicht werden soll. Auf Wunsch des Autors kann die Korrektur auch von der Redaktion gelesen werden.

Durch nachträgliche Manuskriptänderungen verursachte Korrekturkosten gehen, sofern sie 10% der Satzkosten übersteigen zu Lasten des Autors.

Der Autor erhält 50 Sonderdrucke kostenlos. Weitere Sonderdrucke können bis zur Rückgabe der Korrekturabzüge auf Kosten des Autors bei der Redaktion bestellt werden.

Bezugsmöglichkeiten

Bestellungen sind zu richten

- **in der DDR** an den Postzeitungsvertrieb unter Angabe der Kundennummer des Bestellenden oder an den AKADEMIE-VERLAG, DDR-1086 Berlin, Leipziger Straße 3 – 4, PF-Nr. 1233
- **im sozialistischen Ausland** an eine Buchhandlung für fremdsprachige Literatur oder an den zuständigen Postzeitungsvertrieb
- **in der BRD und Berlin(West)** an eine Buchhandlung oder an die Auslieferungsstelle KUNST UND WISSEN, Erich Bieber OHG, D-7000 Stuttgart 1, Wilhelmstraße 4 – 6
- **in den übrigen westeuropäischen Ländern** an eine Buchhandlung oder an die Auslieferungsstelle KUNST UND WISSEN, Erich Bieber GmbH, CH-8008 Zürich, Dufourstraße 51
- **im übrigen Ausland** an den Internationalen Buch- und Zeitschriftenhandel, den Buchexport, Volkseigener Außenhandelsbetrieb der Deutschen Demokratischen Republik, DDR-7010 Leipzig, Postfach 160; oder an den AKADEMIE-VERLAG, DDR-1086 Berlin, Leipziger Straße 3 – 4

Zeitschrift „Isotopenpraxis"

Herausgeber: Im Auftrag des Akademie-Verlages herausgegeben von Prof. Dr. Justus Mühlenpfordt
Verlag: Akademie-Verlag, DDR-1086 Berlin, Leipziger Straße 3 – 4; Fernruf: 2236221 oder 2236229; Telex-Nr 114420;
Bank: Staatsbank der DDR, Berlin, Kto.-Nr. 6836-26-20712
Verantwortlich für den Inhalt des Heftes: Prof. Dr. H. Hübner, Leipzig
Anschrift der Redaktion (Fernruf Frau H. Schier: 6351177) der Zeitschrift Isotopenpraxis. Akademie-Verlag, DDR-1086 Berlin, Leipziger Str. 3 – 4, PF-Nr. 1233
Veröffentlicht unter der Lizenznummer 1527 des Presseamtes beim Vorsitzenden des Ministerrates der Deutschen Demokratischen Republik
Gesamtherstellung: VEB Druckerei „Thomas Müntzer", DDR-5820 Bad Langensalza
Erscheinungsweise: Die Zeitschrift „Isotopenpraxis" erscheint monatlich, Die 12 Hefte eines Jahrganges bilden einen Band. Bezugspreis je Band 180,– M zuzüglich Versandspesen (Preis für die DDR 108,– M) Preis je Heft 15,– (Preis für die DDR 9,– M)
Bestellnummer dieses Heftes: 1079/18/7

AN (EDV) 12831

ISOTOPENPRAXIS

Band 18 (1982) Heft 7, S. 237–272

Redaktion und Verlag: Akademie-Verlag, Redaktion Isotopenpraxis, 1086 Berlin, Leipziger Straße 3–4

Inhaltsverzeichnis

(Fortsetzung des Inhaltsverzeichnisses auf der Rückseite des 2. gelben Blattes)

ISOTOPENPRAXIS

Band 18 (1982) Heft 7, S. 237–272

Redaktion und Verlag: Akademie-Verlag, Redaktion Isotopenpraxis, 1086 Berlin, Leipziger Straße 3–4

Contents

Articles

B. Schneider, H. Beatus

An Irradiation Device for Precision and Homogeneous Activation in the Rossendorf Research Reactor

Isotopenpraxis 18 (1982) No. 7, p. 237 to 241
6 Fig., 1 Tab., 6 Ref.

In the Rossendorf Nuclear Research Centre, an irradiation device was developed to perform precision and homogeneous activation in the Rossendorf research reactor. The device is equipped with electron emission detectors for continuous measurement of neutron flux density. This renders possible obtaining activities within a narrow margin of allowances. Homogeneity of the distribution of specific activity is achieved by motion of the targets within the radiation field. Irradiation is automated. The device is prepared for computer-aided irradiation.

M. Knothe

Separation of Kations from Pt Metal Solutions by Means of the Complexing Exchanger Wofatite MC 50

Isotopenpraxis 18 (1982) No. 7, p. 241 to 244
6 Fig., 2 Tab., 10 Ref.

The adsorption of the platinum metals, in particular of Rh, by the complexing exchanger Wofatite MC 50 from chloride-containing weakly acid solutions was studied by the use of radioindicators. The behaviour of Rh was highly dependent upon the conditions of the preparation and the temperature of the solution. Furthermore, the dependence of the adsorption of Fe, Co and Cu ions by Wofatite MC 50 on the temperature and the composition of the Rh solution was determined and compared with the behaviour on the strongly acid cationite KPS. The results are discussed with respect to the complexation chemistry of the platinum-group metals. The results of experiments, carried out in the laboratory and pilot-plant scale, allow to make the conclusion that in this case a general improvement of the separation of cations by the use of Wofatite MC 50 cannot be achieved.

W. Frank

Determination of Fluorine Contamination on Surface Layers of Zr Alloy by the $^{19}F(p, \alpha\gamma)^{16}O$ Nuclear Reaction

Isotopenpraxis 18 (1982) No. 7, p. 244 to 247
3 Fig., 1 Tab., 7 Ref.

We investigated the fluorine contamination on the surface layer of Zr-samples by using the excitation resonances of the $^{19}F(p, \alpha\gamma)^{16}O$ nuclear reaction at Ep = 340 keV and Ep = 1373 keV, respectively. We found that in our experimental conditions, the lower detection limits of fluorine are within the same order of magnitude for both resonances. Thus, it is possible to determine fluorine in layer near the surface by means of low energy accelerators with a sensitivity comparable to that obtained with machines reaching MeV energies.

R. Vetter

Development of a High-Activity ^{14}C Radiation Source for the Measurement of Dynamic Changes in Weight per Unit Area to the Backscattering Principle

Isotopenpraxis 18 (1982) No. 7, p. 247 to 249
3 Fig., – Tab., 6 Ref.

Содержание

Статьи

Б. Шнайдер, Х. Беатус

Радиационная установка для прецизионной и гомогенной активации в исследовательском реакторе ЦИЯИ Россендорф

Isotopenpraxis 18 (1982) вып. 7, стр. 237 до 241
6 рис., 1 табл., 6 лит.

В ЦИЯИ Россендорф была разработана радиационная установка, позволяющая выполнить в исследовательском реакторе института прецизионную и гомогенную активацию. В целях постоянного измерения плотности потока нейтронов данная установка оснащена детекторами электронной эмиссии. Тем самым можно добиться активностей в узком пределе допусков. Гомогенность распределения удельной активности достигается путем передвижения мишеней в поле излучения. Облучение осуществляется автоматически. Установка подготовлена для управления процессом облучения с помощью ЭВМ.

М. Кноте

Отделение катионов из растворов платиновых металлов с помощью комплексообразующего обменника „Вофатит МС 50"

Isotopenpraxis 18 (1982) вып. 7, стр. 241 до 244
6 рис., 2 табл., 10 лит.

С помощью радиоиндикаторов исследовалось выделение из хлоридных слабокислых растворов платиновых металлов, в частности рения, комплексообразующим обменником „Вофатит МС 50". Поведение рения в сильной мере зависит от предварительной обработки и температуры исходного раствора. Также опеределилась зависимость адсорбции „Вофатитом МС 50" ионов железа, кобальта и меди от температуры и от состава растворов рения. Данная зависимость была сравнена с поведением на сильнокислом катионите КПС. Результаты обсуждаются всвязи с комплексной химией платиновых металлов. Выполненные лаборторные и маломасштабные эксперименты привели к выводу, что в данном случае „Вофатитом МС 50" не достигается общее улучщение процесса отделения катионов.

В. Франк

Определение фтора в поверхностных слоях циркониевого сплава с помощью ядерной реакции $^{19}F(p, \alpha\gamma)^{16}O$

Isotopenpraxis 18 (1982) вып. 7, стр. 244 до 247
3 рис., 1 табл., 7 лит.

Было определено загрязнение фтором поверхностного слоя проб циркониевого сплава с помощью резонансной ядерной реакции $^{19}F(p, \alpha\gamma)^{16}O$. Для определения были использованы резонансы функции возбуждения ядерной реакции при протонных энергиях Ep = 340 *кэв* (низкий резонанс) и Ep = 1373 *кэв*. Было найдено, что в данных экспериментальных условиях нижний предел обнаружения фтора по обоим резонансам имеет один и тот же порядок величины (ок. 10^{11} атомов фтора на *см*²). Этот результат показывает, что ускорители низкой конечной энергии (например имплантаторы ионов) позволяют решать определенные задачи анализа фтора с чувствительностью, сравниваемой с чувствительностью машин, достигающих энергию в диапазоне *Мэв*.

Р. Феттер

Разработка высокоактивного источника излучения по ^{14}C для измерения по принципу обратного рассеяния динамических изменений веса на единицу площади

Isotopenpraxis 18 (1982) вып. 7, стр. 247 до 249
3 рис., – табл., 6 лит.

Bestrahlungseinrichtung für Präzisions- und Homogenaktivierungen im Rossendorfer Forschungsreaktor

B. Schneider, H. Beatus

(Zentralinstitut für Kernforschung Rossendorf)[1])

Keywords

automation; control equipment; irradiation devices; neutron flux density; radioactivation; research reactors; self-powered neutron detectors

Im ZfK Rossendorf wurde eine Bestrahlungseinrichtung entwickelt, mit der Präzisions- und Homogenaktivierungen im Rossendorfer Forschungsreaktor durchgeführt werden können. Zur stetigen Messung der Neutronenflußdichte ist die Einrichtung mit Elektronenemissionsdetektoren instrumentiert; damit lassen sich Aktivitäten mit einem geringen Toleranzbereich erzeugen. Die Homogenität der Verteilung der spezifischen Aktivität wird durch Bewegung des Targetmaterials im Strahlenfeld erreicht. Die Bestrahlungsdurchführung erfolgt automatisch, die Einrichtung ist für den rechnergestützten Betrieb der Bestrahlungstechnologie vorbereitet.

1. Einleitung

Bei der Durchführung von Neutronenbestrahlungen in einem Forschungsreaktor wird in der Regel das Targetmaterial in einen Bestrahlungskanal eingesetzt und mit einer Neutronenflußdichte exponiert, deren Größe aus vorangegangenen Messungen bestimmt wurde. Bedingt durch die örtlich und zeitlich veränderlichen Flußdichtegradienten sind bei dieser Methode Präzisions- und Homogenbestrahlungen nicht möglich. In einigen Fällen ist jedoch die Erzeugung genauer, reproduzierbarer Aktivitäten, mit einer homogenen Verteilung der spezifischen Aktivität über das gesamte Targetmaterial erforderlich.

Besonders durch die Nutzung von Reaktoren als Strahlenquelle für die Neutronendotierung von Silizium wurde in den letzten Jahren international verstärkt an der Entwicklung dafür geeigneter Bestrahlungsverfahren gearbeitet. Diese Verfahren sind auf zwei Grundprinzipien zurückzuführen:

- Bewegung des Targetmaterials im Strahlenfeld während der Bestrahlung (Drehung, Verschiebung, Wendung, zyklischer Wechsel) und
- Abflachung der Neutronenflußdichtegradienten durch Einbau von Neutronenabsorbern.

In der praktischen Anwendung der Verfahren werden Bestrahlungseinrichtungen für die Ausführung einzelner oder kombinierter Bewegungen des Targetmaterials ausgelegt. Auch die Kombination von Bewegung und Flußdichteabflachung wird praktiziert.

Die Einrichtungen werden zur stetigen Messung der Neutronenflußdichte und Bestimmung der Neutronenfluenz meist mit geeigneten Detektoren instrumentiert [1–3].

2. Bestrahlungsmöglichkeiten im Rossendorfer Forschungsreaktor (RFR)

Für die Durchführung von Bestrahlungen steht der RFR mit einer thermischen Leistung von 10 MW zur Verfügung.

Targetaktivierungen können in den von Kühlwasser durchströmten vertikalen Bestrahlungskanälen im Aluminiumreflektor außerhalb des Spaltzonenkorbes (A-Kanäle), im Berylliumreflektor der Spaltzone (B-Kanäle) und zwischen der Spaltzone und dem Berylliumreflektor (C-Kanäle) durchgeführt werden (Abb. 1). Das Targetmaterial wird in standardisierte Isotopenbestrahlungskassetten verpackt.

Tab. 1 gibt einen Überblick über einige Bestrahlungsparameter in den genannten Kanälen nach [4].

Entsprechend der Charakteristik der Flußdichtegradienten (Abb. 2) und der Art und Abmessungen des Targetmaterials ist bei starrer Positionierung im Bestrahlungskanal eine Homogenaktivierung nicht möglich. Desweiteren muß bei der herkömmlichen Bestrahlungsmethode, bei der Flußdichtemessung und Bestrahlung zeitlich getrennt liegen, mit einem Fehler der Gesamtaktivität des Targetmaterials von etwa 10% gerechnet werden.

In Abb. 2 sind die charakteristischen Verteilungen der relativen thermischen Neutronenflußdichten in den Bestrahlungskanälen im ungestörten Fluß dargestellt.

3. Bestrahlungseinrichtung

3.1. *Forderungen und Auswahl der Bestrahlungsposition*

Für anstehende Bestrahlungsaufgaben ergab sich die Notwendigkeit der Schaffung einer Bestrahlungseinrichtung, in der Homogenaktivierungen mit einem Fehler von $\leqq 5\%$ in bezug auf Aktivitätsverteilung und Gesamtaktivität, bei Targetabmessungen von $d \approx 50$ mm und $l \approx 120$ mm, durchgeführt werden können. Weiterhin wurde ein Flußdichteverhältnis $\frac{\Phi_{th}}{\Phi_s}$ von etwa 10 gefordert. Damit ergab sich als Einbauort für eine Bestrahlungseinrichtung die Position eines A-Kanales (Abb. 1, Kanal D 1). Die Kanäle D 1 und später D 2 unterscheiden sich in der Charakteristik von den A-Kanälen dadurch, daß sie nach unten nicht auf ein Flußdichtemaximum begrenzt sind (Abb. 2).

[1]) Anschrift: 8051 Dresden, PSF 19

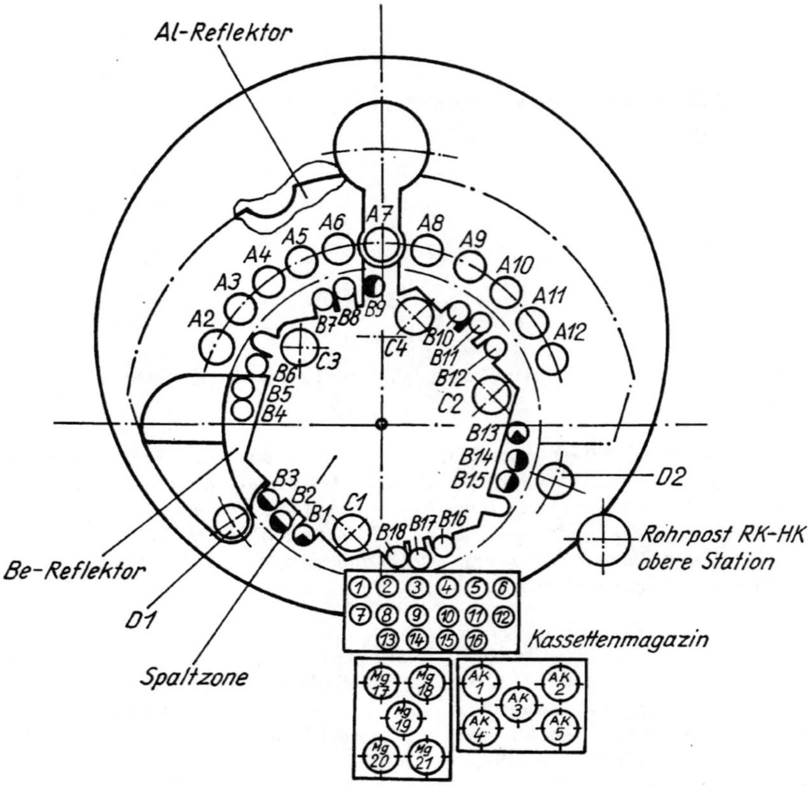

Abb. 1. Bestrahlungskanäle im RFR

Tab. 1. Bestrahlungsparameter im RFR

Kanal-Typ	Φ_{th}^{Max} n cm^{-2} s^{-1}	Φ_{th}/Φ_s	IBK l_{eff} mm	IBK d_{eff} mm	I_h %	I_v %
A	$2{,}5 \times 10^{13}$	10	120	56	50	10
B	$7{,}5 \times 10^{13}$	5	120	31	5	5
C	$1{,}2 \times 10^{14}$	2	120	56	20	5

Φ_{th} = thermische Neutronenflußdichte
Φ_s = schnelle Neutronenflußdichte
l_{eff} = effektive Nutzlänge einer Isotopenbestrahlungskassette (IBK)
d_{eff} = effektiver Nutzdurchmesser einer IBK
I_h = horizontale Inhomogenität von Φ_{th} im ungestörten Neutronenfluß mit Bezug auf d_{eff}
I_v = vertikale Inhomogenität von Φ_{th} mit Bezug auf l_{eff}

Zur Einhaltung der genannten Forderung an die Genauigkeit der Aktivität wurde bei der Entwicklung der Bestrahlungseinrichtung von folgenden Grundprinzipien ausgegangen:

- Hub- und Drehbewegung des Targetmaterials während der Bestrahlung zur Homogenisierung der Flußdichtegradienten und -verzerrungen;
- Instrumentierung der Einrichtung mit Elektronenemissionsdetektoren (EED) zur Messung der Neutronenflußdichte und Steuerung des Bestrahlungsablaufes;
- exakte Beendigung der Bestrahlung nach Erreichen der geforderten Fluenz und
- automatische Betriebsführung der Einrichtung (vorbereitet für die rechnergestützte Bestrahlungstechnologie).

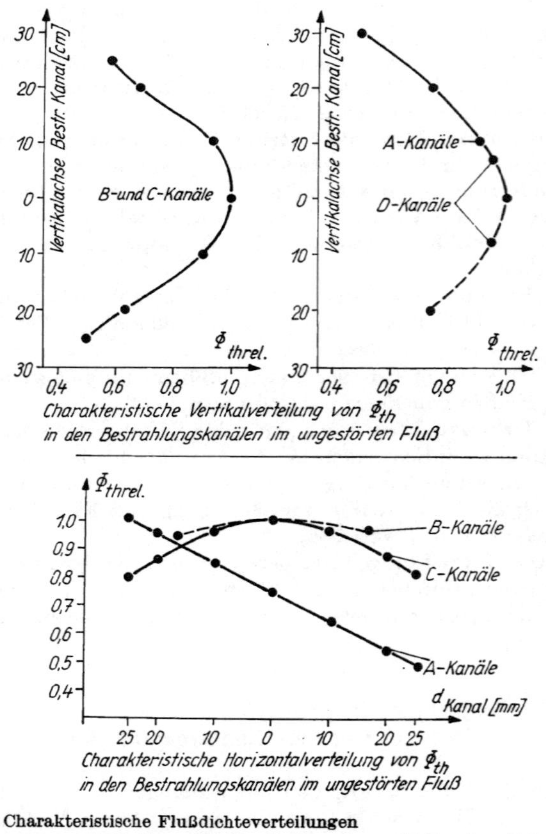

Abb. 2. Charakteristische Flußdichteverteilungen
Bitte beachten: Statt Φ_{threl} (in den beiden oberen Teilen der Abb.) lies Φ_{th}^{rel}

3.2. *Mechanischer Aufbau*

Das Grundelement der Bestrahlungseinrichtung ist ein beweglicher Kanal aus Aluminiumrohr 68 mm × 3 mm, der Dreh- und Hubbewegungen des Targetmaterials im Strahlenfeld gestattet. In Anpassung an die Bestrahlungstechnologie des RFR ist das Targetmaterial in Isotopenbestrahlungskassetten verpackt. Die Mitnahme im Kanal erfolgt durch den Auflagedruck der Kassetten. Dreh- und Hubbewegungen werden durch Getriebemotoren erzeugt, der Hub wird durch Seilzug realisiert. Der Kanal ist freihängend, so daß Lagerstellen im Wasser vermieden werden konnten. Am unteren Ende des Kanals befindet sich eine Führung, die ihn in seiner Lage justiert. In Höhe der Spaltzone ist die Halterung für die Elektronenemissionsdetektoren montiert. Im Falle einer erforderlichen Auswechselung der Detektoren kann die Halterung separat demontiert werden. Der Kanal ist geflutet. Bei Ausnutzung des vorhandenen Volumens der Isotopenbestrahlungskassette durch Targetmaterial ist bei einer Materialdichte von etwa 2,5 g cm^{-3} mit einer Maximaltemperatur während der Bestrahlung von ≈ 370 K zu rechnen.

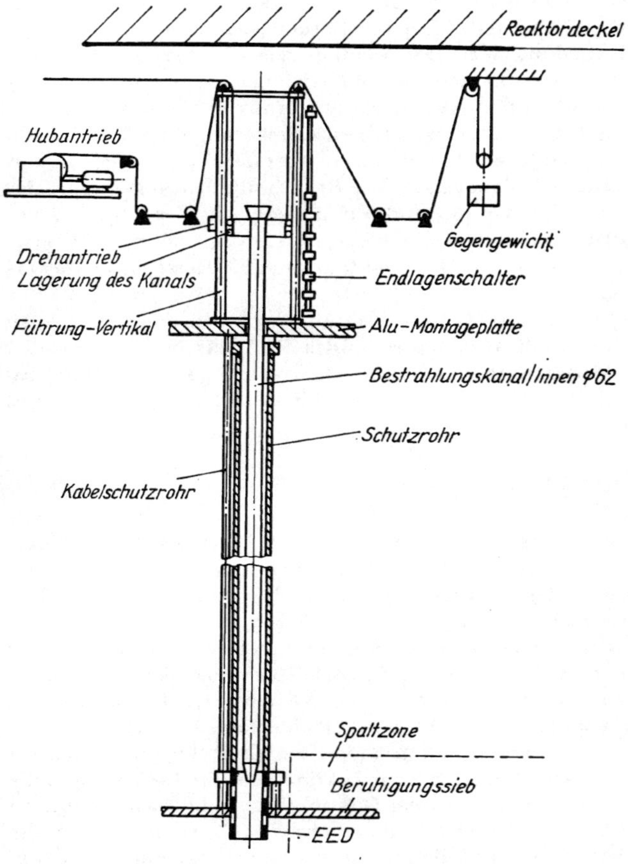

Abb. 3. Schematische Darstellung der Bestrahlungseinrichtung

3.3. *Meßsystem*

Mit dem Meßsystem wird der Bestrahlungsablauf gesteuert [5]. Es besteht im wesentlichen aus den Elektronenemissionsdetektoren, einem Verstärker, einem Spannungs-Frequenz-Wandler, Impulszählern, einer Signalisationseinrichtung und Vorwahlschaltung (Abb. 4). Die Detektoren besitzen einen Rhodiumemitter von $d = 0{,}8$ mm und $l = 110$ mm (Abb. 5). Bei einer thermischen Neutronenflußdichte von $\Phi_{\text{th}} = 5 \cdot 10^{13}$ n cm^{-2} s^{-1} wird ein Ausgangsstrom von $J_A = 1$ μA abgegeben. Dieser Strom wird verstärkt, und die sich einstellende Verstärkerausgangsspannung ist proportional der Neutronenflußdichte am Detektorort. Ein elektromechanischer Impulszähler summiert die vom Spannungs-Frequenz-Wandler pro Zeiteinheit abgegebene Impulszahl Z auf, womit ein Maß für die Neutronenfluenz gegeben ist. An einem Vorwahlschalter wird eine normierte Impulszahl Z_v eingestellt, die der gewünschten Neutronenfluenz entspricht.

Das Meßsystem ist über die Impulszählung und Vorwahlschaltung mit der Steuerung der Bestrahlungseinrichtung verknüpft. Der Bestrahlungsbeginn ist durch

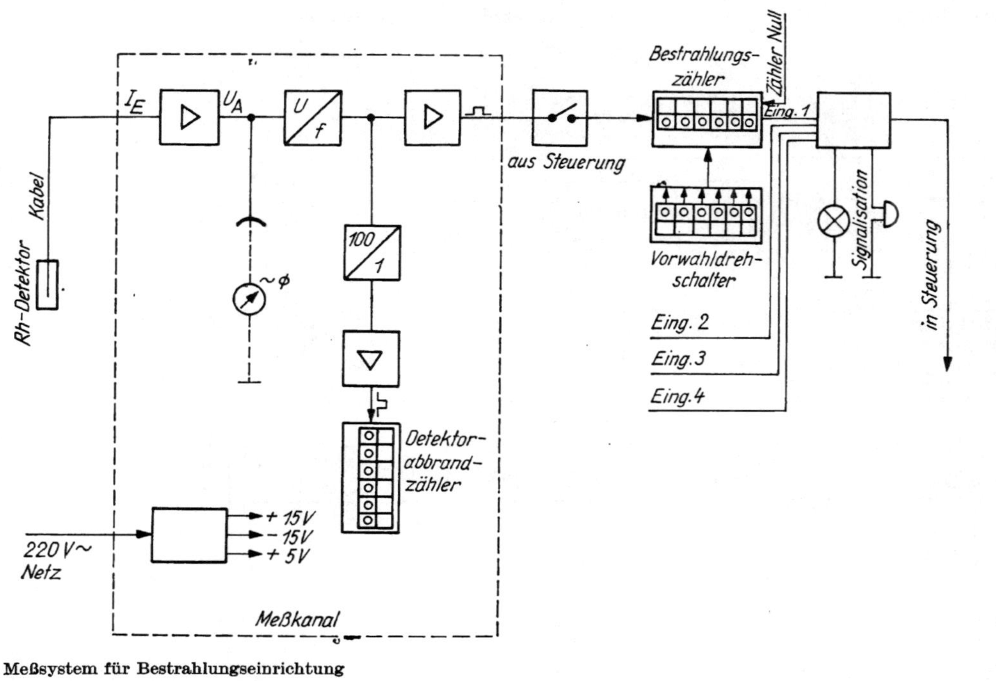

Abb. 4. Meßsystem für Bestrahlungseinrichtung

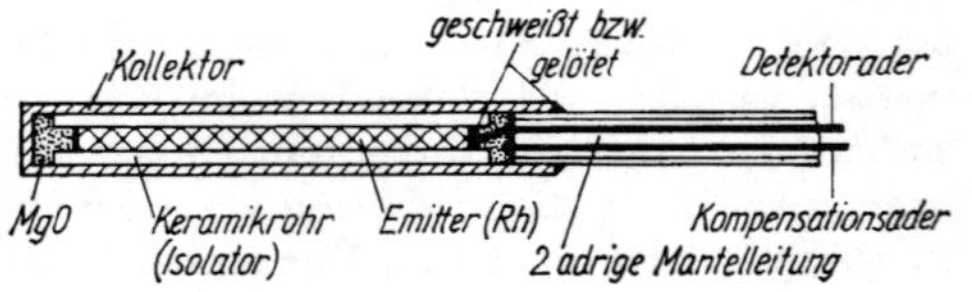

Abb. 5. Prinzipaufbau eines Elektronenemissionsdetektors

Nullstellung der Impulszähler und das Bestrahlungsende durch Erfüllung der Bedingung $Z = Z_v$ gekennzeichnet, wobei eine optische und akustische Signalisation erfolgt.

Die Vorwahlimpulszahl muß in größeren Zeitabständen kalibriert werden, um den abbrandbedingten Empfindlichkeitsverlust der Elektronenemissionsdetektoren zu korrigieren.

Für eine effektive Einsatzzeit der Detektoren von ca. 1,5 Jahren im Reaktor, was einer Neutronenfluenz von etwa $1{,}4 \cdot 10^{21}\, n_{th}\, cm^{-2}$ entspricht, beträgt der Empfindlichkeitsverlust etwa 14%.

3.4. *Elektrische und steuerungstechnische Ausrüstungen*

Diese Ausrüstungen [6] umfassen im wesentlichen die Stromversorgung, die Antriebmotoren und deren Steuerung, Dreh- und Hubzahlüberwachung und -zählung, Signalisationen für verschiedene Betriebszustände und Störungen, Schaltelemente für Betriebsart und Programmvorwahl sowie die Verknüpfung mit dem Meßsystem und dem Havarieschutzkreis des RFR (Abb. 6).

Die Bestrahlungseinrichtung kann bei Hub- und Drehbetrieb mit verschiedenen Bestrahlungsbreiten und bei reinem Drehbetrieb mit unterschiedlichen Kanalstellungen betrieben werden. Die Dreh- und Hubzahlen sind im Bereich von $10 - 55\, h^{-1}$ einstellbar. In der Regel erfolgt der Bestrahlungsablauf im Automatikbetrieb. Dabei befindet sich der Kanal bei Ausgangsstellung in Be- und Entladeposition, wo Φ_{th} nur noch $\leqq 1\%$ vom Maximum beträgt. Die Isotopenbestrahlungskassette wird jetzt mit der Belademaschine eingesetzt. Nach Startauslösung läuft der Kanal mit der Kassette im Schnellgang in das Strahlenfeld, und die Bestrahlung erfolgt mit den vorgewählten Parametern (Hub- und/oder Drehzahl, Bestrahlungsbreite, Kanalstellung). Ist $Z = Z_v$ erreicht, läuft der Kanal im Schnellgang wieder in die Be- und Entladeposition. Von hier aus erfolgt die Entladung über ein Rohrpostsystem nach der Ausgabestation der Heißen Kammern. Aufgrund von $\Phi_{th} \leqq 1\%$ in der Be- und Entladeposition ist eine sofortige Entladung nach Bestrahlungsende nicht erforderlich. Die einzelnen Bewegungsabläufe können auch von Hand gesteuert werden. Außer der Steuerung der Bestrahlung über die Impulszähler ist auch eine Steuerung über Zeitvorwahl möglich. Der Ausfall eines Antriebes wird optisch und akustisch signalisiert. Bei Reaktorabschaltungen läuft der Kanal in die Be- und Entladeposition, der Impulszähler bleibt auf dem aktuellen Wert stehen, und nach Wiederinbetriebnahme des Reaktors kann die Restbestrahlung erfolgen.

Die Bestrahlungseinrichtung wird von einem zentralen Steuerpult vom Pultraum des RFR aus betrieben; sie ist für die Einbeziehung in die rechnergestützte Betriebsführung der gesamten Bestrahlungstechnologie vorbereitet.

4. Betriebserfahrungen

Im Herbst 1978 wurde in einer Versuchs-Bestrahlungseinrichtung mit den routinemäßigen Bestrahlungen begonnen. Diese Einrichtung war ca. 1,5 Jahre in Betrieb. Wesentliche Ausfälle waren während dieser Zeit nicht zu verzeichnen. Das Meßsystem arbeitete zuverlässig. Der abbrandbedingte Empfindlichkeitsverlust der Elektronenemissionsdetektoren betrug nach ca. 1,5 Betriebsjahren, entsprechend der Lage im Strahlenfeld, 10 ... 15%.

Die in dieser Zeit gesammelten Erfahrungen führten zur Überarbeitung der Konstruktion. Im Mai 1980 erfolgte die Installierung von zwei Routine-Bestrahlungseinrichtungen (Kanäle D1 und D2 entsprechend Abb. 1), womit sich die Bestrahlungsmöglichkeiten verdoppelten. Bei der Überarbeitung der Konstruktion wurde besonders von einer sicheren Betriebsführung und der Erhöhung des Bedienungskomforts ausgegangen.

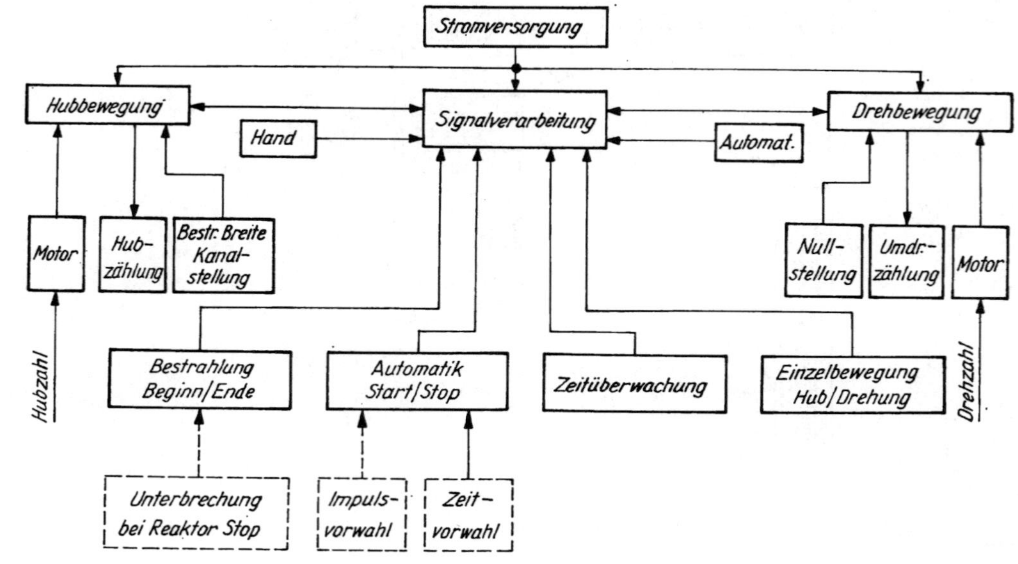

Abb. 6. Steuerschema für Bestrahlungseinrichtung

Die bisher durchgeführten Bestrahlungen konnten in bezug auf Homogenität der Aktivitätsverteilung und auf Einhaltung der Neutronenfluenz, bei Ausnutzung des gesamten Volumens der Isotopenbestrahlungskassetten, mit einem Fehler von radial $\leqq 3\%$ und axial von $\leqq 5\%$ durchgeführt werden.

Die Schaffung der Bestrahlungseinrichtungen D1 und D2 für Präzisions- und Homogenaktivierungen im RFR innerhalb einer relativ kurzen Zeitspanne ist das Ergebnis einer zielstrebig durchgeführten Gemeinschaftsarbeit verschiedener Struktureinheiten des ZfK Rossendorf. Den daran beteiligten Mitarbeitern gebührt der Dank der Verfasser.

Eingegangen am 22. 7. 1981

Literatur

[1] *W. Krull, P. Martens*, Kerntechnik **19** (1977) 131

[2] *J. M. Meese, D. L. Cowan, M. Charndrasekhar*, A Review of Transmutation Doping in Silicon, IEEE Transactions on Nuclear Science, Vol. NS-26; No. 6, December 1979, p. 4858–4867

[3] *P. Bréant, F. Cherruau, J.-P. Genthon*, Development of the Irradiation Facilities for Silicon Neutron Doping in France, Communication to the 3rd international conference on neutron transmutation doped silicon, Copenhagen, August 27.–29., 1980

[4] *B. Schneider*, Bestrahlungsinformationen für den Rossendorfer Forschungsreaktor RFR, Arbeitsbericht ZfKG 30/77

[5] *K. Böhme*, u. a. Gerätesystem für den Hub-Dreh-Bestrahlungskanal im Forschungsreaktor RFR, Abschlußbericht zur NVe 12/79

[6] *K. Exner*, Steuerung für Hub- und Drehkanal, Laborbericht Nr. 468 ZfK Rossendorf

Abtrennung von Kationen aus Pt-Metall-Lösungen mit dem komplexbildenden Austauscher Wofatit MC 50

M. Knothe

(VEB Mansfeld-Kombinat „Wilhelm Pieck", Forschungsinstitut für NE-Metalle)[1])

Mit Hilfe von Radioindikatoren wurde die Adsorption der Pt-Metalle, insbesondere die des Rh, durch den komplexbildenden Austauscher Wofatit MC 50 aus chloridhaltigen, schwach sauren Lösungen untersucht. Das Verhalten des Rh wurde stark von der Vorbehandlung und der Temperatur der Aufgabelösung beeinflußt. Weiterhin wurde die Abhängigkeit der Aufnahme von Fe-, Co- und Cu-Ionen am Wofatit MC 50 von der Temperatur und der Zusammensetzung der eingesetzten Rh-Lösungen bestimmt und mit dem Verhalten am stark sauren Kationenaustauscher KPS verglichen. Die Ergebnisse werden im Zusammenhang mit der Komplexchemie der Pt-Metalle diskutiert. Labor- und kleintechnische Versuche führten zu dem Schluß, daß eine generelle Verbesserung der Kationenabtrennung durch den Einsatz des Wofatit MC 50 im vorliegenden Fall nicht erreicht werden kann.

Keywords

ion exchange chromatography; ion exchange materials; platinum metals; rhodium complexes; separation processes

1. Einleitung

Zur Abtrennung störender Kationen wie Bunt- und Schwermetalle sowie Erdalkalien aus Pt-Metall-Lösungen boten sich Kationenaustauscher an, da die Pt-Metalle bei der naßchemischen Verarbeitung stets als anionische Chlorokomplexe vorliegen [1–3]. Die geringe Selektivität der normalen Kationenaustauscher, die zu einer starken Abhängigkeit der Aufnahmefähigkeit der Harze für die abzutrennenden Ionen von Art und Gehalt der Kationen führt, die zur Ladungskompensation der anionischen Pt-Metallverbindungen zwangsläufig in der Aufgabelösung enthalten sind, legte es nahe, für die Raffination komplexbildende Harze einzusetzen. Austauscher mit Iminodiessigsäureankergruppen, wie Wofatit MC 50, sind bereits für die Raffination von Pt(IV)-Lösungen vorgeschlagen worden [4]. In der vorliegenden Arbeit werden Ergebnisse zur Kationenabtrennung aus Lösungen der anderen Pt-Metalle, in erster Linie aus Rh(III)-Lösungen, mit Wofatit MC 50 vorgelegt, die einen Vergleich der Wirksamkeit dieser und der normalen Kationenaustauscher ermöglichen.

[1]) Anschrift: 9200 Freiberg, Lessingstraße 41

2. Versuchsdurchführung

Die Versuche wurden ausschließlich im Säulenverfahren durchgeführt; die Aufnahme und Auswertung der Durchbruchskurven erfolgte wie oben angegeben [3]. Das Chelonharz Wofatit MC 50 wurde ohne weitere Reinigung verwendet; Vorbehandlung und Kapazitätsbestimmung wurden gemäß [5, 6] durchgeführt. Die Herstellung der Pt-Metall-Lösungen sowie deren Markierung mit ^{105}Rh, ^{109}Pd, ^{192}Ir und $^{193m/195m}$Pt geschah wie früher beschrieben [7]. Deren Messung sowie die des ^{59}Fe, ^{60}Co, ^{64}Cu und ^{106}Ru erfolgte mit einem NaJ(Tl)-Bohrlochkristall in Verbindung mit einem VA-M-16 D-Meßplatz. Vergleichsbestimmungen, vorwiegend durch Atomadsorption, wurden in der analytischen Abteilung des FNE durchgeführt. Die Aufnahme von Elektronenspektren zwecks Komplexidentifizierung erfolgte am Specord UV VIS (VEB Carl Zeiss Jena).

3. Versuchsergebnisse

3.1. *Die Adsorption der Pt-Metalle*

Eine Übersicht über das Adsorptionsverhalten der Pt-Metalle aus chloridhaltigen sauren Lösungen (pH = 3) bei Raumtemperatur geben die Durchbruchskurven in Abb. 1.

Ru(IV) neigte bereits bei $pH = 2$ stark zur hydrolytischen Ausfällung; möglicherweise wurden hierdurch die Ergebnisse verfälscht. Ir(IV) wurde durch den Austauscher schnell zu Ir(III) reduziert.

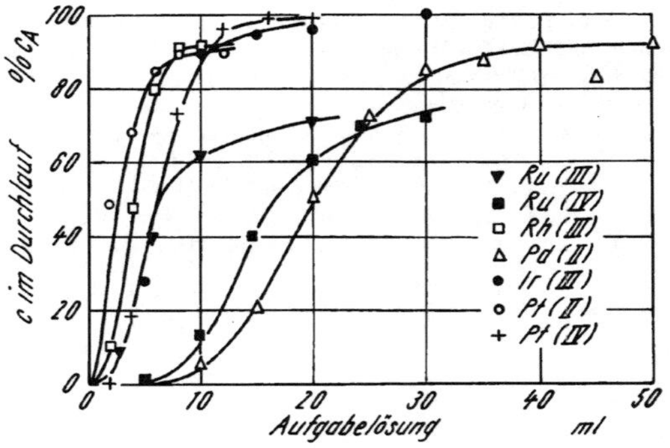

Abb. 1. Adsorption der Pt-Metalle am Wofatit MC 50 bei Raumtemperatur
1 ml Harz, $c_{Me} = 0{,}01$ M, $pH = 3{,}0$ (Ru(IV): $pH = 2{,}0$), $c_{NaCl} = 0{,}1$ bis 0,5 M

Das Adsorptionsverhalten des Rh wurde näher untersucht; es hing deutlich von der Vorbehandlung der Aufgabelösung sowie der Beladungstemperatur ab. Hohe Temperaturen sowie eine Behandlungsweise, die zur Bildung wasserreicher Aquochlorokomplexe führte, bewirkten eine erhöhte Rh-Aufnahme (siehe Tab. 1). Die Bestimmung der Komplexzusammensetzung erfolgte im wesentlichen an Hand der gemessenen Elektronenspektren. 80—90% des gebundenen Rh waren mit 1—6 M Salzsäure desorbierbar; der Rest konnte durch längeres Einwirken von Komplexbildner, z.B. schwach saurer Thioharnstofflösung, entfernt werden (verbliebene Anteile $\leq 0{,}12$ mg Rh/l ml Harz).

Tab. 1. Abhängigkeit der Rh-Adsorption von Vorbehandlung und Temperatur der Aufgabelösung

Vorbehandlung	Dominierende Komplexform	*T* °C	Rh-Adsorption g/l Harz
Behandlung I	$[Rh(H_2O)_6]^{3+}$	20	$3{,}9 \pm 0{,}9$
Behandlung II	$[Rh(H_2O)_2Cl_4]^-$	20	28 ± 18
Behandlung III	$[Rh(H_2O)Cl_5]^{2-}$	20	$5{,}4 \pm 4{,}4$
Behandlung III	$[Rh(H_2O)Cl_5]^{2-}$	92	62 ± 15

Behandlung I: einstellen von $pH > 10$, nach ca. 15' $pH = 1$ analog [8]
Behandlung II: mehrfaches Abdampfen alkalichloridfreier Rh-Lösung
Behandlung III: längeres Erhitzen in Gegenwart 1—2 M NaCl
Einheitlicher pH-Wert aller Aufgabelösungen: 3,5

3.2. *Die Adsorption von Unedelmetallen in Gegenwart des Rh*

Die Aufnahme von Fe, Co und Cu aus Rh-Lösungen wurde im pH-Bereich 3—3,5 unter verschiedenen Bedingungen untersucht. Abb. 2 zeigt, daß Co und Cu auch in Gegenwart hoher Rh- und NaCl-Gehalte stark adsorbiert wurden, während Fe nur wenig gebunden wurde. Hohe Beladungstemperaturen begünstigten die Fe-Aufnahme, verschlechterten aber stark die Co-Adsorption.

Die maximal mit einer gegebenen Austauschermenge raffinierbare Rh-Menge bei der Abtrennung des Co^{2+} hing nur unwesentlich von der Matrixkonzentration ab (siehe Abb. 3a); ebensowenig übte die NaCl-Konzentration einen starken Einfluß aus, unabhängig von der Beladungstemperatur (siehe Abb. 3b). (Zum Vergleich sind die mit dem stark sauren Kationenaustauscher Wofatit KPS unter ähnlichen Bedingungen erhaltenen Ergebnisse eingetragen worden.) Die Schwankung der Raffinatausbeute war beträchtlich; unter gleichen Bedingungen konnten bei je 3 Versuchen 702 $\pm$ 137 mg Rh (20 °C) bzw. 115 $\pm$ 70 mg Rh (92 °C) pro 1 ml Harz raffiniert werden.

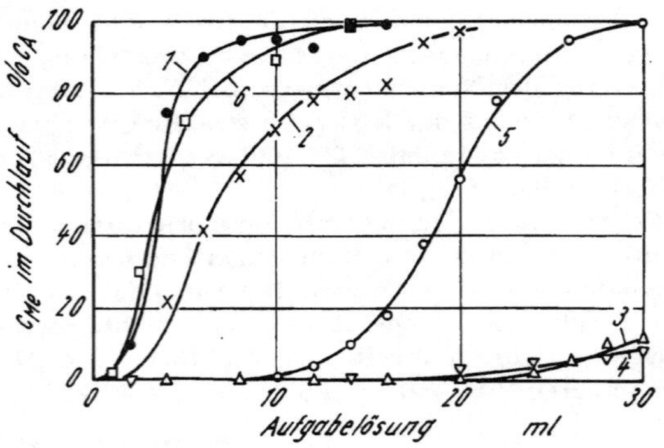

Abb. 2. Adsorption des Fe, Co und Cu an 1 ml Wofatit MC 50 bei pH 3,5
Kurve 1: 0,005 M Fe; 0,5 M Rh; 0,85 M NaCl; 20 °C; — Kurve 2: analog 1, 92 °C; — Kurve 3: 0,016 M Cu; 0,85 M NaCl; 20 °C; — Kurve 4: 0,016 M Cu; 0,5 M Rh; 0,85 M NaCl; 20 °C; — Kurve 5: 0,017 M Co; 0,5 M Rh; 0,85 M NaCl; 20 °C; — Kurve 6: analog 5; 92 °C

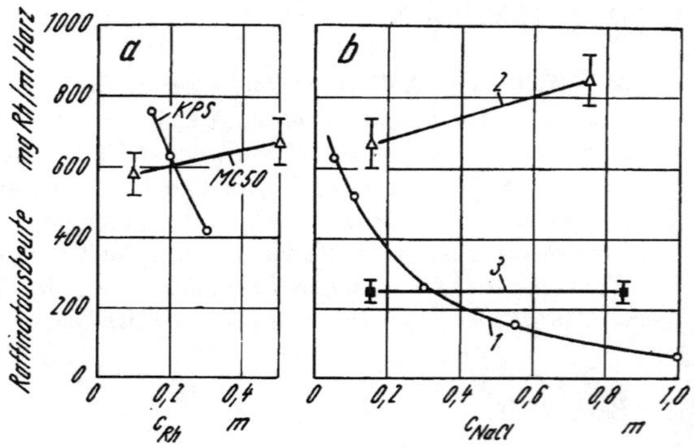

Abb. 3. Maximale Raffinationsausbeute bei der Abtrennung des Co vom Rh mit Wofatit KPS bzw. MC 50
a) Abhängigkeit von der Matrixkonzentration — $c_{Co} = 0{,}1$ % (KPS) bzw. 0,5 % (MC 50), bezogen auf Rh
b) Abhängigkeit von der NaCl-Konzentration der Aufgabelösung
Kurve 1: 0,2 M Rh; $3 \cdot 10^{-4}$ M Co; Wofatit KPS; — Kurve 2: 0,5 M Rh; 0,017 M Co; Wofatit MC 50; 20 °C; — Kurve 3: analog 2; 90 °C

Die aufgenommenen Unedelmetalle ließen sich leicht mit 1 M Salzsäure desorbieren. Beim wiederholten Durchlaufen eines Beladungs- und Regenerierungszyklus trat nur am Anfang ein Kapazitätsabfall auf. Danach blieb die Kapazität praktisch unverändert, wie aus den Durchbruchskurven der Abb. 4 hervorgeht. Mechanische Zerstörungen der Harzkörper waren visuell erst nach ca. 15 Zyklen zu erkennen.

Zur Bestätigung der Laborergebnisse erfolgten Versuche zur Raffination von ca. 2,6 kg Rh mit 5,8 l MC 50. Abb. 5 zeigt die Durchbruchskurven des Rh, Fe und Co (letztere durch die Frontmarkierung gemäß [9] bestimmt); die Zusammensetzung der Rh-Lösung vor und nach der Raffination geht aus Tab. 2 hervor. Danach wurden Cu, Co und Au weitgehend, Zn teilweise und Pb, Ag, Fe und Mg praktisch nicht abgetrennt. Die Mitadsorption des Rh betrug 36,5 g = 6,3 g/l Harz.

Abb. 6 zeigt das Rückhaltevermögen des stark sauren Kationenaustauschers KPS für verschiedene Kationen aus Rh-Lösungen unter optimalen Bedingungen; man erkennt

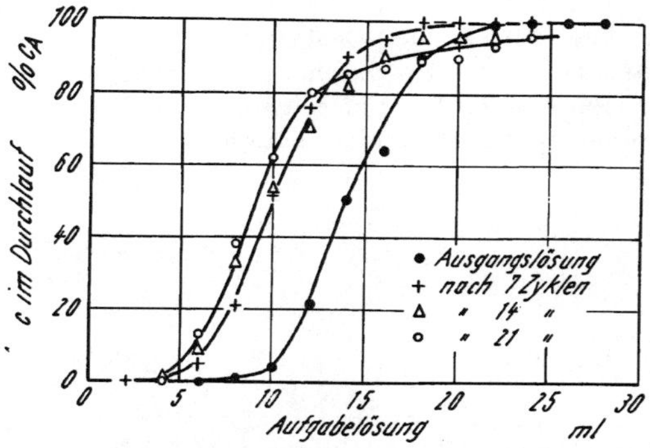

Abb. 4. Abhängigkeit der Co-Adsorption aus Rh-Lösung am Wofatit MC 50 von der Zyklenanzahl
1 ml Harz; 0,5 M Rh; 0,0085 M Co; 0,85 M NaCl; $pH = 3,5$

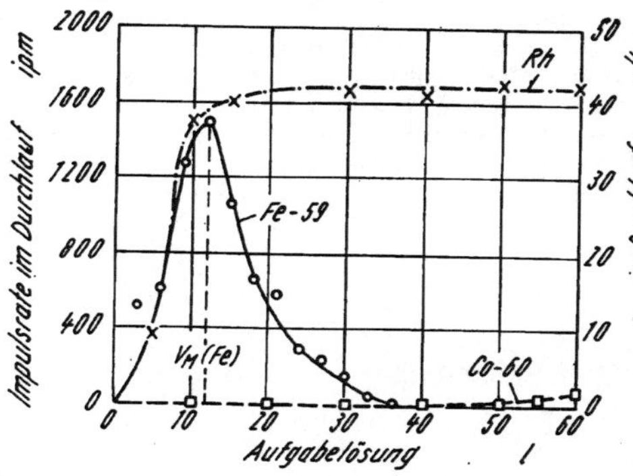

Abb. 5. Raffination einer technischen Rh-Lösung mit Wofatit MC 50
5,8 l MC 50; 43 g/l Rh; 85 g/l NaCl; $pH = 3,6$; – V_M(Fe): mittleres Durchbruchsvolumen des Fe

Tab. 2. Ergebnisse der Rh-Raffination mit Wofatit MC 50

	Gehalte im Rh				ppm			
	Fe	Co	Cu	Zn	Pb	Ag	Au	Mg
Einsatz	4046	2320	n. b.	31	5600	190	2,8	385
End-probe	3240	<100	<30	17	4500	230	<2	440

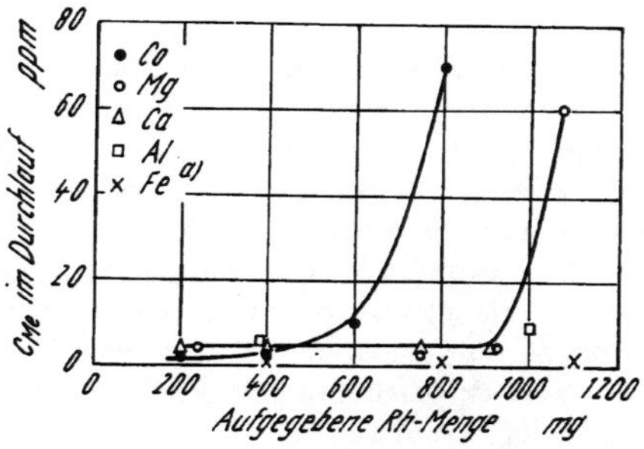

Abb. 6. Adsorption von Unedelmetallen am Wofatit KPS aus Rh-Lösungen
2ml KPS; $c_{Rh} = 0,11$ M; c_{Me}: 60 – 1000 ppm
a) Fe-Gehalte stets unter der Nachweisgrenze (< 12 ppm)

eine weitgehende Fe-, Mg- und Ca-Aufnahme, während Co deutlich schwächer gebunden wurde.

4. Diskussion

In schwach saurer Lösung ($pH > 2$) betätigen sich die Iminodiessigsäureankergruppen ausschließlich als Komplexbildner; daneben ist in geringem Umfang die Anionenaustauscherwirkung protonisierter Aminoacetat-Nebenankergruppen zu beachten, da Wofatit MC 50 nicht monofunktionell aufgebaut ist [10] (letztere dürften in erster Linie für die Bindung der $Pt(IV)Cl_6^{2-}$-Ionen verantwortlich sein). Somit wird der Ionenaustausch im untersuchten pH-Bereich von 3 – 3,5 in erster Linie durch die Kinetik der Komplexbildung der vorliegenden Ionen mit den Iminoessigsäuregruppen bestimmt.

Von den Pt-Metallen reagieren im allgemeinen, unabhängig von der Art des Komplexbildners, nur Pd-Ionen schnell, während die anderen Ionen teilweise extrem niedrige Reaktionsgeschwindigkeiten zeigen. Die Reaktionshemmungen können durch höhere Temperaturen sowie (in allerdings noch unübersichtlicher Weise) durch Veränderung der Komplexbeschaffenheit der vorlaufenden Lösung ganz oder teilweise aufgehoben werden. So gibt es Hinweise, daß gemischte Aquo/Chlorokomplexe sich schneller umsetzen als reine Aquokomplexe auf der einen bzw. reine Chlorokomplexe auf der anderen Seite des vorliegenden Aquo-Chloridsystems. Das experimentell festgestellte Verhalten der Pt-Metalle gegenüber dem Austauscher MC 50 mit der weitgehenden komplexen Bindung des Pd, der geringen Aufnahme der anderen Pt-Metalle sowie der durch Vorbehandlung und Temperatursteigerung veränderbaren Rh-Adsorption entspricht demnach den allgemeinen Erwartungen. Ähnliche Auswirkungen sollten diese Variablen auch beim Einsatz von Ir-, Ru- und Pt(II)-Verbindungen haben. Da diese Systeme bei Raumtemperatur weit vom thermodynamischen Gleichgewicht entfernt sind, sind die starken Schwankungen der Rh-Adsorption auch unter annähernd gleichen Bedingungen verständlich.

Unter Beachtung dieser Umstände könnten prinzipiell alle Pt-Metalle außer Pd durch Chelonharze von störenden Kationen befreit werden. Die Bildung schwerlöslicher Oxidhydrate des Ru, Rh, Ir und Pt(II) bei $pH \geqq 4$ beschränkt dies allerdings auf diejenigen Kationen, die in diesem pH-Bereich gebunden werden. Schwach bzw. nicht komplex gebundene Kationen (z.B. Erdalkalien, die erst bei $pH > 5$ augenommen werden [6]), sind daher nicht abtrennbar. Lediglich Pt(IV)-Lösungen, die selbst bei hohen Temperaturen und $pH > 8$ auf Grund der extrem niedrigen Ligandenaustauschgeschwindigkeit des $PtCl_6^{2-}$-Ions keine Oxidhydrate bilden, können uneingeschränkt raffiniert werden [4]. Die vorliegenden Ergebnisse zeigen, daß Cu und Co erwartungsgemäß auch aus konzentrierten Rh-Lösungen mit hohen NaCl-Gehalten weitgehend abgetrennt wurden. Die schwankenden Raffinatausbeuten sowie deren Abhängigkeit von Temperatur und Zyklenzahl lassen sich auf die oben diskutierte unterschiedliche Rh-Mitadsorption zurückführen (die anfängliche Reduzierung der Kapazität regenerierter Austauscher wird vermutlich auf der Blokkierung „aktiver" Austauscherplätze durch irreversible Bindung von Rh-Komplexen beruhen). Fe reagiert mit Iminoacetatgruppen sehr langsam [5]; hohe Beladungstemperaturen begünstigen zwar die Fe-Adsorption, führten aber zu einer unerwünscht hohen Mitadsorption der Pt-Metalle. Eine zufriedenstellende Fe-Abtrennung ist demnach nicht möglich. Unverständlich ist nach den Literaturangaben [5, 6] die laut Tab. 2 ungenügende Pb-Aufnahme durch Wofatit MC 50. Hierzu wären weitere Versuche erforderlich.

Abschließend soll die Leistungsfähigkeit des Wofatit MC 50 mit der des stark sauren Kationenaustauschers Wofatit KPS verglichen werden. Wie Abb. 6 zeigt, wurden durch KPS neben Buntmetallen und Fe auch die Erdalkalien aus Rh-Lösungen bis in den Spurenbereich abgereichert. Voraussetzung war, daß die Gehalte konkurrierender Kationen durch eine geeignete Vorbehandlung (zweckmäßigerweise sollten Aquochlorokomplexe wie $H[Rh(H_2O)_2Cl_4]$ vorlaufen [3]) sowie durch die Wahl der Matrixkonzentration möglichst niedrig lagen (siehe Abb. 3a). Lösungen mit höheren Alkalichloridgehalten, die z.B. durch vorangegangene Schmelzaufschlüsse eingebracht wurden, sind demnach, wie Abb. 3b zeigt, unmittelbar nicht zu raffinieren.

Dagegen werden aus solchen Lösungen durch Wofatit MC 50 die stark komplex gebundenen Kationen ohne weiteres abgetrennt. Die Rh-Mitadsorption nimmt unter diesen Bedingungen mit ca. 5 g/l Wofatit MC 50 annehmbare Werte an (Rh-Aufnahme durch KPS: 0,5—1 g/l Harz). Wie aber Tab. 2 zeigt, wird nur ein Teil der störenden Ionen abgetrennt, so daß eine umfassende Raffination nur in Verbindung mit anderen Verfahrensstufen möglich ist. Die angestrebte generelle Verbesserung der Pt-Metallraffination kann demnach unter den herrschenden Bedingungen durch den Einsatz des Chelonaustauschers nicht erreicht werden. Dazu sind Austauscher erforderlich, deren Arbeits-*p*H-Bereich wesentlich tiefer liegt und die eine vollständige Abtrennung aller störenden Kationen ermöglichen.

Eingegangen am 15. 7. 1981

Literatur

[1] *Ch. K. Butler*, Ind. Eng. Chem. **48** (1956) 711
[2] *H. Schiefelbein*, KDT-Mitt. [Eisleben] **1975**, 1, S. 17
[3] *M. Knothe, S. Ziegenbalg*, Z. Chem., in Vorbereitung
[4] *R. Hering, G. Gebhardt*, DDR-Patent DWP 67699 (1969)
[5] *R. Hering*, Chelatbildende Ionenaustauscher. Berlin: Akademie-Verlag 1967
[6] Wofatit MC 50, Firmenschrift des VEB Chemiekombinat Bitterfeld, Bitterfeld 1973
[7] *M. Knothe*, Isotopenpraxis **16** (1980) 194
[8] *M. Knothe*, J. Radioanalyt. Chem. **52** (1979) 335
[9] *G. Gebhardt*, Isotopenpraxis **8** (1972) 340
[10] *R. Hering, H. Schiefelbein*, in: Reinstoffprobleme, Bd. V. Berlin: Akademie-Verlag 1977, S. 159

Fluorbestimmung in Oberflächenschichten einer Zr-Legierung mittels der $^{19}F(p, \alpha\gamma)^{16}O$-Kernreaktion

W. Frank

(Zentralinstitut für Isotopen- u. Strahlenforschung der AdW der DDR, Leipzig)[1]

Es wurde die Fluorkontamination der Oberflächenschicht von Proben einer Zr-Legierung mit Hilfe der resonanten Kernreaktion $^{19}F(p, \alpha\gamma)^{16}O$ bestimmt. Zur Bestimmung wurden die Resonanzen der Anregungsfunktion der Kernreaktion bei den Protonenenergien $Ep = 340$ keV (niedrig liegende Resonanz) und $Ep = 1373$ keV eingesetzt. Wir fanden, daß unter den konkreten experimentellen Bedingungen die untere Nachweisgrenze für Fluor für beide Resonanzen in der gleichen Größenordnung ($\sim 10^{14}$ Atome F/cm^2) liegt. Dieses Ergebnis zeigt, daß auch mit Beschleunigern mit niedrigen Endenergien (z.B. Ionenimplantatoren) bestimmte Aufgaben der Fluoranalytik mit vergleichbarer Empfindlichkeit wie mit Maschinen, die MeV-Energien erreichen, gelöst werden können.

Keywords

electrostatic accelerators; fluorine; fluorine 19 reactions; nuclear reaction analysis; proton reactions; surface layers; zirconium alloys

1. Einleitung

Die Verwendung von Kernreaktionen zur Lösung analytischer (mikroanalytischer) Aufgabenstellungen ist dann vorteilhaft, wenn der Nachweis der zu analysierenden Elemente mit anderen Methoden nicht ohne weiteres erfolgen kann. Dieser Fall ist besonders bei leichten Elementen mit Ordnungszahlen $Z < 13$ gegeben. Insbesondere in den Jahren nach Erscheinen der Arbeit von *Möller* und *Starfelt* [1] hat die Fluorbestimmung über die ^{19}F-Kernreaktion breites Interesse und Anwendung gefunden. Das hängt u. a. damit zusammen, daß einerseits die Autoren zeigen konnten, daß diese Methode der Spurenanalyse von Fluor sehr empfindlich und selektiv ist und auch die Bestimmung von F-Tiefenprofilen erlaubt, und zum anderen die quantitative Analyse von F in Wissenschaft und Technik in den letzten Jahren immer mehr an Bedeutung gewann. Fluor wird in der Metallurgie und in der Halbleiterindustrie in Form von Flußsäure für Ätztechniken eingesetzt. Trotz ausgearbeiteter Technologien läßt sich eine unerwünschte zurückbleibende Kontamination der Endprodukte mit F oft nicht vermeiden. Es ist nun zur Optimierung der technologischen Prozesse notwendig zu wissen, wieviel F und wie tief es im Endprodukt zurückbleibt. Ähnliches trifft für den medizinisch-biologischen Bereich zu, den insbesondere die F-Inkorporation interessiert (z.B. Zahnmedizin [2]).

Der Einsatz der obengenannten Methode setzt allerdings das Vorhandensein von Ionenbeschleunigern voraus, was im wesentlichen nur in Instituten und Einrichtungen, die sich mit Kernforschung oder ähnlich gelagerter Thematik beschäftigen, erfüllt ist. Nun hat aber das ^{19}F-Isotop schon bei relativ niedrigen Anregungsenergien *Ep* Resonanzen in

[1]) Anschrift: 7050 Leipzig, Permoserstr. 15

der Anregungsfunktion, so daß auch Betreiber kleinerer Ionenbeschleuniger (z.B. Ionenimplantatoren) in die Lage versetzt werden, diese Analysenmethode anwenden zu können. Das Ziel der vorliegenden Mitteilung ist es, anhand eines speziellen Applikationsfalles — der Bestimmung der F-Kontamination metallischer Zr-Legierungen — über erste Ergebnisse der F-Bestimmung mit Hilfe der niederenergetischen 340-keV-Resonanz der $^{19}F(p,\alpha\gamma)^{16}O$-Kernreaktion zu berichten.

2. Darstellung der experimentellen Methode

Die Anregungsfunktion der $^{19}F(p, \alpha\gamma)^{16}O$-Kernreaktion weist zwischen Protonenenergien 340 keV $< Ep <$ 2000 keV eine Reihe von Resonanzstellen mit unterschiedlichem Querschnitt σ_R und verschiedener Resonanzbreite Γ auf (s. Abb. 1a, [3]). Interessant für den Einsatz von Kleinbeschleunigern ist die Resonanz bei $E_p = 340{,}3$ keV, die mit einem Querschnitt $\sigma_R = 0{,}16$ barn [4] und einer Breite von $\Gamma = 2{,}4 \pm 0{,}3$ keV [5] erscheint. Die Kernreaktion selbst erfolgt über die Formation eines ^{20}Ne-Compound-Kerns zum ^{16}O. Der Übergang zum ^{16}O-Grundzustand erfolgt durch Emission von 5α-Gruppen und γ-Serien mit $E_\gamma = 6{,}13$, 6,92 und 7,12 MeV (Abb. 1b, [6]). Sowohl die Anzahl der emittierten α-Partikel als auch die Anzahl der hochenergetischen γ-Quanten ist proportional der Fluorkonzentration. Welche der beiden Informationsträger zur Detektion verwendet wird, hängt von der Aufgabenstellung [3] und von den experimentellen Möglichkeiten ab. Wir entschieden uns für die Detektion der hochenergetischen γ-Serie. Die Experimente wurden am elektrostatischen 360-keV-Ionenbeschleuniger des ZfI Leipzig durchgeführt. Der Strahlstrom betrug 50 nA bei einem Strahlquerschnitt von etwa 4 mm². Die Aufnahme der Anregungsfunktion erfolgte in Schritten von 0,5 keV. Die γ-Quanten oberhalb $E_\gamma = 3{,}5$ MeV wurden mit einem 15 cm × 15 cm NaJ-Kristall unter einem Laborwinkel von 90° bezüglich der Strahlachse detektiert. Der Abstand zwischen Target und Detektor betrug 130 mm. Das Vakuum in der Reaktionskammer war besser als 10^{-5} Torr. Um eine Verfälschung der Strommessung zu verhindern, wurde ein Sekundärelektronenunterdrücker mit einer Gegenspannung von 300 V verwendet.

Zur absoluten Eichung der Messungen wurden CaF_2-Eichtargets hergestellt (CaF_2 auf Tantal aufgedampft). Die Dicke der aufgedampften Schicht (zwischen 100 Å und 1000 Å) wurde sowohl mechanisch als auch elektronisch (Schwingquarz) bestimmt. Als Targets stand eine Reihe ebener Proben einer Zr-Legierung zur Verfügung, die im Verlauf eines Ätzprozesses mit F kontaminiert wurden.

Zusätzlich zu diesen Experimenten wurden an einem 5-MeV-*van-de-Graaff*-Beschleuniger des VIK Dubna vom Autor die gleichen Targets untersucht — allerdings unter Verwendung der 1373-keV-Resonanz der ^{19}F-Kernreaktion. Die experimentellen Bedingungen waren: Abstand Target–Detektor 50 mm, (6 cm × 6 cm)-NaJ-Kristall, typischer Strom 25 nA. Die hochenergetischen γ-Quanten mit $E_\gamma > 3$ MeV wurden unter einem Winkel von 90° gemessen. Zur Sekundärelektronenunterdrückung diente ein Suppressor mit einer Gegenspannung von 540 V. Die Anregungsfunktion im Gebiet der 1373-keV-Resonanz wurde in Schritten von 1,6 keV aufgenommen.

3. Ergebnisse und Diskussion

Zur Eichung der Energieskala erfolgten Testmessungen mit einem dicken CaF_2-Target (6000 Å) im Energiegebiet 310 keV $< Ep <$ 360 keV. Das Ergebnis einer solchen Dicktargetmessung ist in Abb. 2a dargestellt. In Abb. 2b ist die Anregungsfunktion im Bereich der niederenergetischen 340-keV-Resonanz, aufgenommen unter Verwendung eines dünnen Targets (0,6 μg/cm² F), zu sehen. Abb. 3 schließlich zeigt einen Ausschnitt aus der Anregungsfunk-

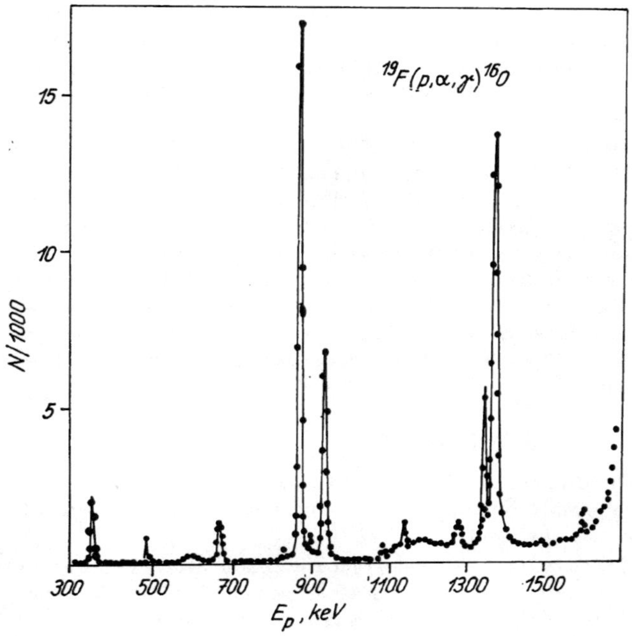

Abb. 1a. Anregungsfunktion der $^{19}F(p, \alpha\gamma)^{16}O$-Kernreaktion, gemessen unter einem Winkel von 90° zur Strahlachse [2]

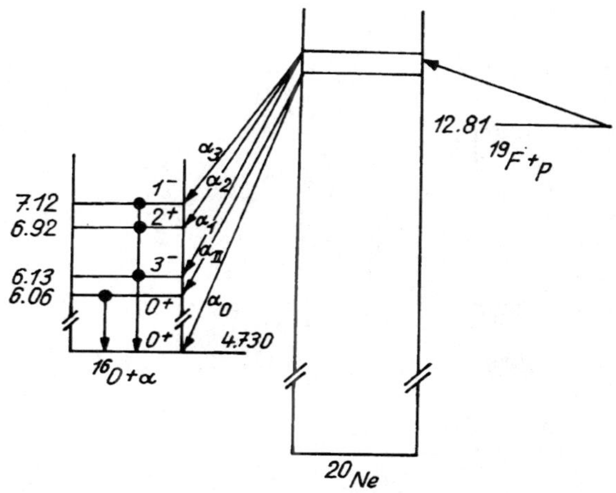

Abb. 1b. Schematische Darstellung (Termschema) der Kernreaktion $^{19}F(p, \alpha\gamma)^{16}O$
Alle Energien in MeV [5]

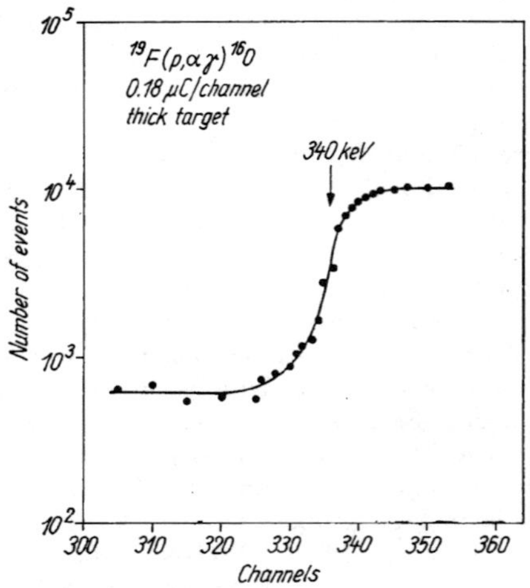

Abb. 2a. Die 340-keV-Resonanz
Target: 6000 Å Ca_2F („Dickes" Target); Ladung: 0,18 µC/Kanal

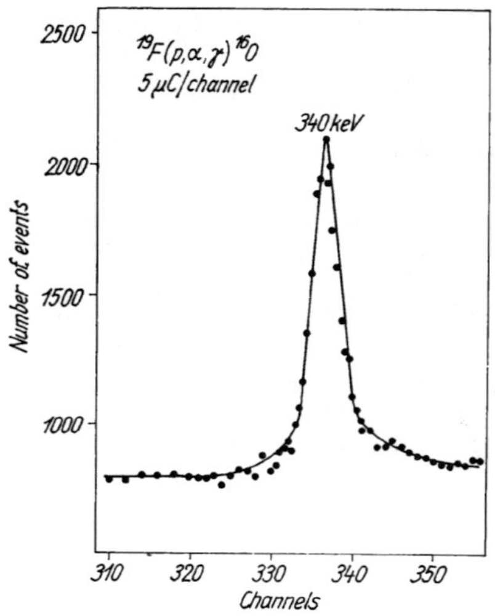

Abb. 2b. Die 340-keV-Resonanz
Target: 0,6 µg/cm² F; Ladung: 5µC/Kanal

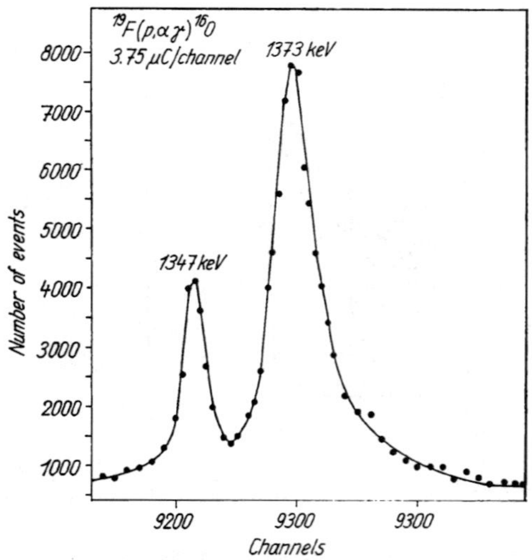

Abb. 3. Die 1347/1373-keV-Doppelresonanz
Target: 2,4 µg/cm² F; Ladung: 3,75 µC/Kanal

tion im Energiegebiet der Doppelresonanz bei $Ep = 1347$ke und $Ep = 1373$ keV. Hier war das Target 2,4 µg/cm² F dick.

Zur Bestimmung der Fluorgehalte der im Ätzprozeß F-kontaminierten Zr-Proben wurden fünf verschiedene Targets präpariert uud gemessen. Die Präparation der Targets hatte das Ziel, Verunreinigungen bzw. Kontaminationen mit Fluor aus der Umwelt, die nicht im unmittelbaren Zusammenhang mit dem Ätzprozeß stehen, auszuschließen. Die Auswertung der Meßergebnisse ergab, daß der Fluorgehalt $1{,}6 \ldots 3{,}9 \cdot 10^{16}$ Atome F/cm² betrug (genaue Werte siehe Tabelle). Der Fehler der absoluten Gehalte wurde zu $\pm 20\%$ abgeschätzt und ergibt sich im wesentlichen aus Unsicherheiten der Schichtdickenbestimmung der Eichtargets. Angaben über das Profil der Tiefenverteilung des Fluors in der Zr-Matrix können mittels dieser ersten Messungen nicht gemacht werden. Es wurde jedoch abgeschätzt, in welcher maximalen Tiefe sich das Fluor befindet. Die Abschätzung ergab, daß sich Fluor in einer Oberflächenschicht einer Dicke von maximal $\leq 0{,}5$ µm befindet. Messungen anderer Autoren (z.B. [1]) bestätigen diesen Wert.

Tab. Experimentell bestimmte Fluorgehalte von mit F kontaminierten Zr-Proben

Probe Nr.	Fluorgehalt, Atome F/cm²	
	mittels 1373 keV Resonanz	mittels 340 keV Resonanz
1	$2{,}38 \cdot 10^{16}$	$3{,}88 \cdot 10^{16}$
2	$2{,}0 \cdot 10^{16}$	$2{,}17 \cdot 10^{16}$
3	$2{,}17 \cdot 10^{16}$	$1{,}81 \cdot 10^{16}$
4	$1{,}86 \cdot 10^{16}$	$1{,}61 \cdot 10^{16}$
5	$1{,}87 \cdot 10^{16}$	$1{,}62 \cdot 10^{16}$

Für den praktischen Einsatz einer Analysenmethode ist es wichtig, die mit ihr erreichbare untere Nachweisgrenze zu kennen. Solche Untersuchungen wurden durchgeführt, wobei es uns darauf ankam zu vergleichen, wie sich die unteren Nachweisgrenzen der Methode bei Verwendung der niederenergetischen und der hochenergetischen Resonanz unterscheiden. Die Abschätzungen ergaben, daß bei Einsatz der 340-keV-Resonanz die untere Nachweisgrenze (3σ-Signifikanz) für Fluor unter unseren experimentellen Bedingungen $\leqq 4 \cdot 10^{14}$ F-Atome/cm² und bei Einsatz der 1347/1373-keV-Doppelresonanz $\leq 1 \cdot 10^{14}$ F-Atome/cm² beträgt. Damit liegen die Nachweisgrenzen für Fluor sowohl für niedrige als auch, hier speziell 1373 keV, hohe Anregungsenergien in der gleichen Größenordnung (es muß an dieser Stelle darauf hingewiesen werden, daß bereits untere Nachweisgrenzen für Fluor von etwa 10^{12} F-Atome/cm² — allerdings bei Verwendung der beiden scharfen Resonanzen bei $Ep = 872$ keV und $Ep = 935$ keV — erreicht wurden [7]).

4. Schlußfolgerungen

Die Ergebnisse der dargestellten Untersuchungen zur Fluorgehaltsbestimmung mittels Kernreaktionen erlauben folgende Aussagen:

i) Sowohl mit der niederenergetischen 340-keV-Resonanz als auch mit der hochenergetischen 1373-keV-Resonanz der $^{19}F(p,\alpha\gamma)^{16}O$-Kernreaktion wurden auf Zr-Proben F-Gehalte bestimmt, die innerhalb der Fehlergrenzen übereinstimmende Absolutwerte ergaben. Daraus und aus durchgeführten Abschätzungen folgt, daß sich das

Fluor in oberflächennahen Schichten befindet (Dicke $\leqq 0{,}5\ \mu$m).

ii) Abschätzungen der unteren Nachweisgrenze für Fluor, sowohl bei Anregung mit niedrigen als auch hohen Protonenenergien, ergaben größenordnungsmäßig übereinstimmende Werte. Sie lagen bei $1 \ldots 4 \cdot 10^{14}$ Atome F/cm^2.

iii) Mit den vorgestellten Ergebnissen konnte gezeigt werden, daß — neben dem üblichen Einsatz von Beschleunigern, die Maximalenergien im MeV-Bereich erreichen — auch Niederenergiebeschleuniger mit Erfolg für bestimmte Aufgabenstellungen der Fluoranalytik eingesetzt werden können.

Weiterführende Untersuchungen, insbesondere auch der Tiefenprofilproblematik gewidmete, werden folgen.

Der Autor ist Herrn *G. M. Osetinsky*, VIK Dubna, für seine Hilfe und Unterstützung bei der Durchführung der Messungen am EG-5 des VIK zu Dank verpflichtet.

Eingegangen am 15. 7. 1981

Literatur

[1] *E. Möller, N. Starfelt*, Nucl. Instr. and Meth. **50** (1967) 225
[2] *U. Lindh, A. B. Tveit*, J. Radioanal. Chem. **59** (1980) 167
[3] *D. Dieumegard* et al., "Microanalysis of Fluorine by Nuclear Reactions", submitted to the "Ion Beam Analysis" Conference, Aarkus, June 1979
[4] *C. Y. Chao* et al., Phys. Rev. **79** (1950) 108
[5] *R. O. Bondelid, C. A. Kennedy*, Phys. Rev. **115** (1959) 1601
[6] *R. A. Jarjis*, Nucl. Instr. and Meth. **154** (1978) 383
[7] *K. Hohmuth* et al., Vorträge zum Komplex: Anwendung kernphysikalischer Methoden, S. 15, Jahreshaupttagung der Physikalischen Gesellschaft der DDR 1980

Entwicklung einer ^{14}C-Strahlenquelle hoher Aktivität zur Messung von dynamischen Flächenmasseänderungen nach dem Rückstreuprinzip

R. Vetter

(Technische Hochschule Leipzig, Sekt. Automatisierungsanlagen)[1])

Zur Messung dynamischer Flächenmasseänderungen sind besonders kurze Meßzeiten erforderlich. Dies bedingt aufgrund bekannter Gesetzmäßigkeiten der Statistik eine hohe Rückstreuintensität. In diesem Britrag werden unter Berücksichtigung der wesentlichen Einflüsse die Grenzen für die erreichbare Strahlungsintensität bei Verwendung des ^{14}C-Isotops untersucht.

Keywords

backscattering; carbon 14; measuring instruments; radiation sources; thickness measuring

0. Einführung

Aufgrund einer vorteilhaften Geometrie des Meßkopfes sowie der günstigen Herstellung der Strahlenquelle wird von einer kreisringförmigen Präparatehalterung ausgegangen (Abb. 1).

Die nutzbare Strahlungsintensität wird im wesentlichen begrenzt durch die mit wachsender Dicke der aktiven Schicht zunehmende Selbstabsorption bzw. bei Vergrößerung des Präparatedurchmessers durch die Erhöhung der Absorption in der Luft und die Verkleinerung des Raumwinkels je Strahlungselement.

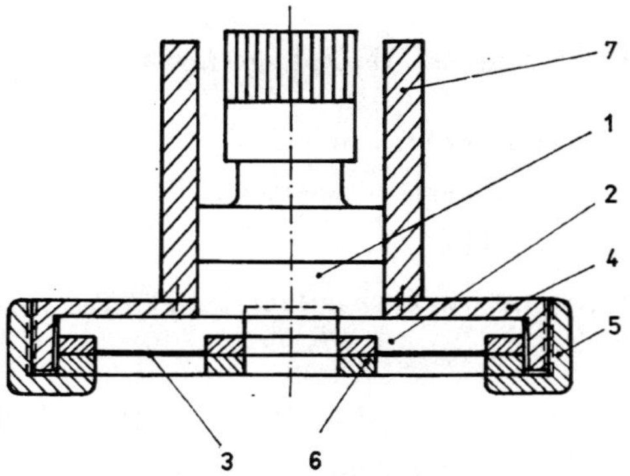

Abb. 1. Anordnung von Strahlenquelle und Detektor

1 — Halbleiterdetektor; 2 — Präparateträger; 3 — aktive Schicht; 4 — Präparatehalterung; 5 — Überwurfmutter; 6 — Spannringe; 7 — Kühlkörper

Zwischen den geometrischen und physikalischen Gesetzmäßigkeiten muß daher ein Kompromiß angestrebt werden, auf dessen Grundlage die sinnvoll einsetzbare Aktivität abgeschätzt werden kann.

1. Abschätzung der Flächenaktivität

Für die Intensität der Strahlung in einem Punkt P im Abstand H kann man unter Vernachlässigung aller Streueffekte und kleinem H näherungsweise ableiten (Abb. 2):

$$dI = m \frac{ds}{4\pi a^2} \cdot e^{-\mu a} \tag{1}$$

$$ds = x\,dx \cdot dy \tag{2}$$

$$x = H \cdot \tan z \tag{3}$$

$$a = \frac{H}{\cos z} \tag{4}$$

$$I = \frac{m}{4\pi} \int_0^{2\pi} dy \int_{z_u}^{z_0} \tan z \cdot e^{-\frac{\mu H}{\cos z}} \cdot dz \tag{5}$$

$$I = \frac{m}{2} \left[\ln \frac{1}{\cos z} - \frac{\mu H}{\cos z} + \frac{(\mu H)^2}{4 \cos^2 z} - \frac{(\mu H)^3}{18 \cos^3 z} + \ldots \right]_{z_u}^{z_0} \tag{6}$$

[1]) Anschrift: 7030 Leipzig, Postfach 66

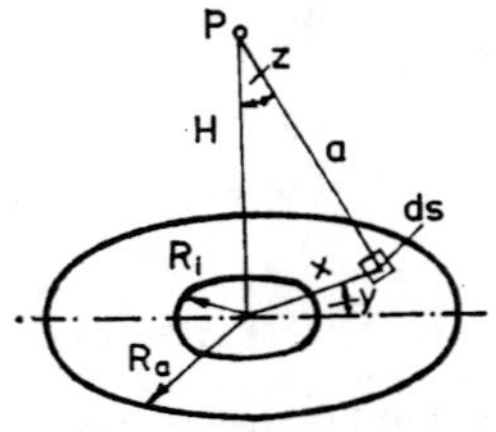

Abb. 2. Geometrie zur Intensitätsabschätzung

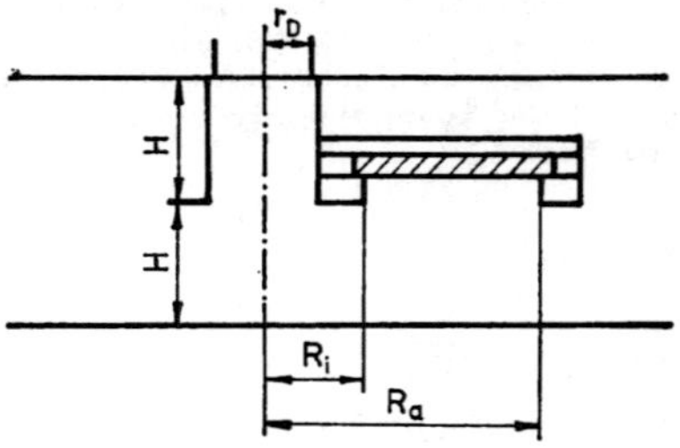

Abb. 3. Anordnung zur Abschätzung der Rückstreugeometrie

Die Grenzen des Integrals ergeben sich aus Abb. 3:

$$z_n = \text{arc tan } R_i/H \tag{7}$$

$$z_0 = \text{arc tan } R_a/H \tag{8}$$

$$I = \frac{m}{2}\left[\ln\left(\frac{D}{B}\right)^{1/2} - \mu H(D^{1/2} - B^{1/2}) + \frac{(\mu H)^2}{4}(D - B) - \frac{(\mu H)^3}{18}(D^{3/2} - B^{3/2}) + \ldots\right] \tag{9}$$

$$D = 1 + (R_a/H)^2; \qquad B = 1 + (R_i/H)^2;$$

$$\mu = 0{,}232 \text{ cm}^{-1}$$

Mit den Werten $H = 1$ cm, $R_a = 2{,}2$ cm, $R_i = 0{,}8$ cm erhält man für die Intensität, bezogen auf den Rückstreuer:

$$I_R = m \cdot 0{,}18 \tag{10}$$

Wendet man die Gleichung (6) erneut auf den Zusammenhang Detektor—Rückstreuer an, so folgt mit der bekannten Beziehung zur näherungsweisen Berechnung der Rückstreuung

$$I = G \cdot I_0(1 - e^{-(\mu+\lambda)\cdot s}) \tag{11}$$

für $s \to \infty$ (Sättigung), $G = 0{,}5$ (Rückstreufaktor) und $\lambda = 3 \cdot \mu$ (Rückstreukoeffizient)

$$z_n' = 0 \tag{12}$$

$$z_0' = \text{arc tan } r_D/H \tag{13}$$

$$I_D' = 0{,}5 \cdot I_R \cdot 0{,}025 \tag{14}$$

$$I_D' = m \cdot 2{,}3 \cdot 10^{-3} \tag{15}$$

Multipliziert man nun die in einem Punkt am Detektor auftretende Rückstreuintensität I_D' mit der Detektoroberfläche $F_D = 0{,}5$ cm^2 (verwendet wird ein Si-(Li)-Halbleiterdetektor Typ 70300/3/) und rechnet die Oberflächenaktivität des Präparates I_0 um, dann erhält man:

$$I_D = 8{,}9 \cdot 10^{-5} \cdot I_0 \cdot \frac{s^{-1}}{Bq} \tag{16}$$

2. Auswahl der ^{14}C-Verbindung

Um Flächenmassen in der Größenordnung von 1 g/m^2 mit hoher Empfindlichkeit nachweisen zu können, ist ein Nuklid mit geringer Strahlungsenergie erforderlich [1]. Darüber hinaus ist eine große Halbwertszeit vorteilhaft, um über lange Zeiträume reproduzierbare Messungen durchführen zu können.

Eine weitere Forderung, die ebenfalls durch eine entsprechende ^{14}C-Verbindung erfüllt wird, besteht darin, daß eine verhältnismäßig einfache und gleichmäßige Beschichtung des Präparateträgers möglich sein muß. Eingehende Untersuchungen mit einer Strahlenquelle aus Natriumacetat [2] führten zu dem Ergebnis, daß das ^{14}C-Isotop in dieser Verbindung nicht beständig ist. Es wird angenommen, daß durch den Einfluß von Bakterien eine Umsetzung und ein Entweichen des ^{14}C-Isotops erfolgt.

Wesentlich günstiger ist die Verwendung von Benzoesäure. Sie ist billiger, biochemisch stabil und in einer verhältnismäßig hohen spezifischen Aktivität herstellbar.

Benzoesäure ist in Benzol gut löslich, haftet jedoch wegen der Kristallisation nach der Trocknung schlecht auf dem Präparateträger.

Eine 10%ige Lösung von Benzoesäure und Styrol im Verhältnis 1:1 ergab dagegen bei allen inaktiven Versuchen nach dem Verdunsten des Lösungsmittels eine gut haftende Schicht.

Zwei nach dieser Methode hergestellte Testpräparate (18,5 MBq und 37 MBq) wiesen nach 2 Jahren keine Veränderungen auf.

Mit dem Präparat von 37 MBq wurde eine Sättigungsrückstreuung bei Aluminium von $\bar{n} = 1300$ s^{-1} unter den beschriebenen Geometriebedingungen erreicht.

Bei Einsatz einer Aktivität von 1850 MBq wurde jedoch bereits während der Trocknung auf dem Präparateträger festgestellt, daß sich diese verhältnismäßig hohe Konzentration der Aktivität anders verhielt als die der Testpräparate:

- Es erfolgte eine rasche Bildung großer Kristalle;
- Das inaktive Styrol reicherte sich an der Oberfläche an;
- Die Sättigungsrückstreuung stand nicht im Verhältnis zur eingesetzten Aktivität ($\bar{n}_{Al} = 15\,100$ s^{-1}).

Die Ergebnisse, die mit einem aus Phthalsäure hergestellten Phthalat-G-Präparat erzielt wurden, waren bezüglich der Ausbeute noch ungünstiger, obwohl dabei weder eine Kristallisation auftrat noch inaktive Substanzen beigemengt werden mußten.

3. Abschätzung der Absorptionsverluste

Absorptionsverluste treten auf:

1. In der Abdeckfolie des Präparates:

$$I_A = I_0 \cdot e^{-\mu_A \cdot s_A} \tag{17}$$

2. In der Luftstrecke zwischen Präparat und Rückstreuer:

$$I_{L1} = I_A \cdot e^{-\mu_{L_1} \cdot s_{L_1}} \tag{18}$$

3. In der Luftstrecke zwischen Rückstreuer und Detektor:

$$I_{L2} = 0{,}5 I_{L1} \cdot e^{-3\mu_{L_1} \cdot s_{L_2}} \tag{19}$$

4. Im Detektorfenster:

$$I_F = I_{L2} \cdot e^{-\mu_D \cdot s_D} \tag{20}$$

5. Durch Selbstabsorption:
Die Oberflächenaktivität ergibt sich dabei nach [4]:

$$I_0 = 0{,}5 Fp \cdot m \cdot \varrho \cdot \int_0^s e^{-\mu x}\, dx \tag{21}$$

$$I_0 = \frac{Fp \cdot m \cdot \varrho}{2\mu}(1 - e^{-\mu s}) \tag{22}$$

Fp ... Oberfläche der aktiven Schicht
m ... spezifische Aktivität.

Offensichtlich bedeutet dabei der Wert

$$I = Fp \cdot m \cdot \varrho / 2\mu$$

die maximal erreichbare Oberflächenaktivität bei unendlicher Dicke der aktiven Schicht.
Da die Absorptionsverluste nach 2. und 3. bereits in (16) erfaßt wurden, sind nur noch die Verluste nach 1., 4. und 5. zu untersuchen.

Aus 1. und 4. folgt:

$$I/I_0 = e^{-(\mu_A \cdot s_A + \mu_D \cdot s_D)} \tag{23}$$

Unter Verwendung des Massenschwächungskoeffizienten $\mu' = \frac{\mu}{\varrho'}$ bzw. der Flächenmassen $m_i = \varrho_i \cdot s_i$ $(i = A, D)$ kann man schreiben:

$$I/I_0 = e^{-\mu'(m_A + m_D)} \tag{24}$$

Zur Berechnung der Oberflächenaktivität muß noch der Verdünnungseffekt durch die Beimengung des inaktiven Styrols berücksichtigt werden.

Nach [4] kann der Verdünnungsfaktor als Verhältnis der Schichtdicken abgeleitet werden:

$$v = s_B / s_{B+S} \tag{25}$$

Damit folgt aus (22):

$$I_0 = \frac{Fp \cdot m_B \cdot \varrho_B \cdot s_B}{2\mu \cdot s_{B+S}}(1 - e^{-\mu s}) \tag{26}$$

bzw. mit μ':

$$I_0 = \frac{Fp \cdot m_B \cdot s_B}{2\mu' \cdot s_{B+S}}(1 - e^{-\mu'(\varrho_{B+S} \cdot s_{B+S})}) \tag{27}$$

Es wurde gesetzt:

$$\varrho_{B+S} = \frac{\varrho_B + \varrho_S}{2} \tag{28}$$

$$s_B = A \cdot M_B / Fp \cdot \varrho_B \cdot m_B \tag{29}$$

$$s_S = M / Fp \cdot \varrho_S \tag{30}$$

Die Auswertung der Gleichung (27) mit den Werten für Benzoesäure und Styrol

Benzoesäure: $\varrho_B = 1{,}266$ g/cm^3
$M_B = 122{,}12$ g/Mol
$m_B = 2146$ MBq/m Mol

Styrol: $\varrho_S = 0{,}903$ g/cm^3
$M_S = 104{,}14$ g/Mol

ergibt unter den vorgegebenen Bedingungen:

$I_0 = 15{,}7$ MBq bei einer eingesetzten Aktivität von $A = 37$ MBq
$I_0 = 188{,}7$ MBq bei einer eingesetzten Aktivität von $A = 1850$ MBq

Vergleicht man die theoretisch nach den abgeleiteten Beziehungen zu erwartenden Impulsdichten mit den tatsächlich gemessenen, so ergibt sich:

$A = 37$ MBq: $I_D = 988$ s^{-1}
(gemessen: $I_D = 1300$ s^{-1})
$A = 1850$ MBq: $I_D = 12\,286$ s^{-1}
(gemessen: $I_D = 15\,100$ s^{-1})

Bedenkt man, daß bei der theoretischen Ableitung von idealen Bedingungen (Homogenität) und erheblichen Näherungen, insbesondere bezüglich der Wechselwirkungen der Elektronen [6] ausgegangen wurde, so ist die Übereinstimmung der Ergebnisse recht gut [5].

4. Einschätzung der Ergebnisse

Bei der Herstellung eines Präparates unter Verwendung einer ^{14}C-Verbindung mit hoher spezifischer Aktivität wird bei einer kreisringförmigen Anordnung die erreichbare Rückstreurate (Ausbeute) im wesentlichen durch die Selbstabsorption und die Geometrie bestimmt. Mit (22) läßt sich zeigen, daß bei Verzicht auf inaktive Beimengungen bei fester Geometrie im günstigsten Fall etwa eine Verdopplung der Ausbeute erzielbar ist.

Als Besonderheiten sind weiterhin zu nennen:

- Eine homogene Flächenbelegung des Präparateträgers ist nicht realisierbar. An den Rändern tritt infolge schnellerer Kristallisation eine verstärkte Anreicherung der aktiven Benzoesäure auf.
- Hohe spezifische Aktivitätskonzentrationen verhalten sich anders als inaktive oder schwach konzentrierte Verbindungen.
- Die Ausbeute sinkt mit steigendem Molgewicht der aktiven Substanz.
- Organische Verbindungen sind für hohe Aktivitäten nur bedingt geeignet.

Eingegangen am 29. 7. 1981

Literatur

[1] *R. Vetter*, Isotopenpraxis 13 (1977) 380
[2] *R. Vetter*, TH Leipzig, Forschungsbericht SA 3/1977/1978
[3] Geräteunterlagen Si(Li)-Driftdetektoren. VEB RFT Meßelektronik „Otto Schön" Dresden
[4] *W. A. Libby*, Analyt. Chem. 19 (1947)
[5] *R. Vetter*, TH Leipzig, Dissertation 1980
[6] *H.-W. Thümmel*, Durchgang von Elektronen und beta-Strahlen durch Materieschichten. Berlin: Akademie-Verlag 1974

Beziehungen zwischen meteorologischen Bedingungen und der Radonkonzentration von Bodenluft

H. Gast, W. Stolz

(Bergakademie Freiberg, Sektion Physik, Wissenschaftsbereich „Angewandte Physik")[1])

Der ständige Radonfluß vom Erdboden in die freie Atmosphäre wird durch meteorologische Bedingungen beeinflußt. Langzeitmessungen zeigen, daß die Änderungen der Radonkonzentration (^{222}Rn und ^{220}Rn) in der Bodenluft mit Änderungen der Lufttemperatur korrelierbar sind. Es wird eine Beziehung zur Temperaturkorrektion für die geowissenschaftliche Prospektion angegeben.

Keywords

air; earth atmosphere; earthquakes; emanometers; meteorology; natural radioactivity; radon 219; radon 220; radon 222

1. Einleitung

Die Gesteine der Erkruste enthalten in unterschiedlicher Konzentration die langlebigen radioaktiven Nuklide ^{238}U, ^{232}Th und ^{235}U. Aus diesen Nukliden entstehen nach einigen α- und β-Umwandlungsprozessen die drei Radiumisotope ^{226}Ra, ^{224}Ra und ^{223}Ra. Sie sind die Muttersubstanzen der radioaktiven Edelgase ^{222}Rn (Radon, $T_{1/2} = 3{,}8229$ d), ^{220}Rn (Thoron, $T_{1/2} = 55{,}6$ s) und ^{219}Rn (Aktinon, $T_{1/2} = 4{,}0$ s). Früher wurden diese Gase als Radium-, Thorium- und Aktiniumemanation bezeichnet. Die mittlere Häufigkeit des Radons in der Erdkruste wird zu etwa $6 \cdot 10^{-18}$ angenommen [1].

Radon verbleibt auf Grund seiner gasförmigen Natur nicht am Ort seiner Entstehung, sondern kann in den Porenraum der Gesteine gelangen. Es befindet sich dann im Porengas oder in der Porenflüssigkeit. Aus dem Bodengas (nahe der Erdoberfläche meist Bodenluft) wird Radon ständig in die atmosphärische Luft abgegeben. In Quell-, Mineral- und Thermalwässern tritt es in gelöster Form zutage.

Radonmessungen in Bodenluft, Grund- und Quellwässern dienen schon seit langem zur Prospektion von Uraniumlagerstätten [2]. Darüber hinaus eröffnen Messungen des Radongehaltes der Bodenluft Möglichkeiten zur Erkundung von Riß- und Spaltenzonen, sowie zum Nachweis von Spannungsänderungen im Gebirge und tektonischen Senkungsbewegungen [3–7]. Eingehend wird gegenwärtig die Radonmethode hinsichtlich ihrer Eignung zur Erdbebenprognose untersucht [8–17].

Der Radongehalt der Bodenluft ist in der Nähe der Erdoberfläche am gleichen Ort durch starke zeitliche Schwankungen gekennzeichnet [15, 7], die teilweise von meteorologischen Bedingungen verursacht werden.

2. Radonmigration

Bei der α-Umwandlung des Radiums entfällt auf das gebildete Radonatom eine Rückstoßenergie von ca. 100 keV. Diese befähigt es, etwa 100 Gitterebenen eines Kristalls zu durchdringen, wobei es das Kristallgitter zerstört [18]. Es befindet sich dann am Ende eines „Kanals" aus gestörtem Material, aus dem es leichter in den Porenraum diffundieren kann. Da auch das Radiumatom nach mehreren α-Umwandlungen entstanden ist, vergrößert sich die „Kanallänge" und damit die Wahrscheinlichkeit für das Radonatom, den Porenraum zu erreichen. Daher werden trotz der kleinen Halbwertszeiten der Radonisotope relativ große Radonanteile von der Gesteinsmatrix an die Umgebungsmedien abgegeben.

Für die Migration der Radonatome besitzen zwei Prozesse maßgebliche Bedeutung: Diffusion und Konvektion im Bodengas und im Grundwasser. Die Diffusionslänge des langlebigsten Radonisotops (^{222}Rn) beträgt im Wasser 0,1 m, in trockenem Sand einige Meter und in Luft ca. 10 m. Im Boden ist der Diffusionsprozeß stark vom Vorhandensein und der geometrischen Ausbildung der Poren und vom Wassergehalt des Porenraumes (Feuchte) abhängig.

In strömenden Medien (Bodenluft, Grundwasser) kann Radon bei hinreichender Strömungsgeschwindigkeit wesentlich größere Migrationswege zurücklegen. Transportvorgänge sind daher die Hauptursache für den Austritt des Radons aus der Erdkruste. Der Radongehalt an der Grenzschicht Erdoberfläche — Atmosphäre wird durch atmosphärische Bedingungen wie Temperatur, Luftdruck, Luftfeuchte, Windstärke, Windrichtung u. a. beeinflußt [19]. Mit zunehmender Tiefe vermindern sich die Einflüsse der Atmosphäre, und die Radongehalte streben einem konstanten Wert zu, aber selbst in der Tiefe von ca. 0,6 m, die aus praktischen Erwägungen für die Entnahme von Bodenluft zur Bestimmung der Radongehalte bevorzugt gewählt wird, sind noch atmosphärische Einflüsse vorhanden.

Sollen aus flächenhaften Messungen der Aktivitätskonzentration der Bodenluft geo- und montanwissenschaftliche Schlußfolgerungen abgeleitet werden, so ist die Kenntnis dieser Einflüsse wünschenswert und gegebenenfalls eine Korrektion der Meßwerte erforderlich. Es wurden daher Langzeitmessungen der Bodenluftaktivität aus einer bestimmten Tiefe durchgeführt mit dem Ziel, die Änderungen der Aktivität mit meteorologischen Einflüssen zu korrelieren.

[1]) Anschrift: DDR-9200 Freiberg, Bernhard-von-Cotta-Straße 4

3. Aktivitätskonzentration im Boden

In einem Gestein in großer Tiefe ist für Radon im radioaktiven Gleichgewicht mit dem Mutternuklid die Erzeugungsrate gleich der Umwandlungsrate pro Volumeneinheit, d. h. gleich der Aktivitätskonzentration c_G des Gesteinsvolumens.

Der Teil des erzeugten Radons, der in den Porenraum des Gesteins gelangt, hat — bezogen auf das Gesamtvolumen — die Aktivitätskonzentration c_P

$$c_P = c_G \cdot \eta$$

dabei ist η die Emanierfähigkeit des Gesteins. Die Aktivitätskonzentration c_∞ im Porenraum selbst ist in großer Tiefe

$$c_\infty = \frac{c_G \cdot \eta}{\Phi}$$

wobei Φ die Porosität bedeutet.

Ist a_M die spezifische Aktivität der Muttersubstanz, w_M deren *Clarke*wert und ϱ die Dichte des Gesteins, so ergibt sich die Aktivitätskonzentration im Gesteinsvolumen c_G bei radioaktivem Gleichgewicht zu

$$c_G = a_M \cdot w_M \cdot \varrho$$

und damit die Aktivitätskonzentration im Porenraum c_∞ zu

$$c_\infty = \frac{a_M \cdot w_M \cdot \varrho \cdot \eta}{\Phi} \qquad (1)$$

Durch die Erdoberfläche diffundiert Radon ständig vom Erdboden in die Atmosphäre. Nach dem 1. *Fick*schen Gesetz ist die Aktivität dA, die pro Zeitintervall dt durch die Oberfläche S diffundiert:

$$\frac{dA}{dt} \cdot \frac{1}{S} = -D \cdot \Phi \cdot \frac{\partial c}{\partial z} \qquad (2)$$

(D Diffusionskonstante, $\frac{\partial c}{\partial z}$ Gefälle der Aktivitätskonzentration im Porenraum nach der Tiefe z) [20].

Die Abhängigkeit der Aktivitätskonzentration von der Tiefe $c(z)$ erhält man als Lösung des 2. *Fick*schen Gesetzes.

Nimmt man einen durch meteorologische Einflüsse (z.B. Luftdruckschwankungen, Änderungen des Porengasvolumens durch Temperaturänderungen) hervorgerufenen vertikalen Gastransport mit der Geschwindigkeit v an, so hat nach [11] diese Lösung die Form

$$c(z) = c_\infty \left\{1 - \exp\left[\left(b - \sqrt{b^2 + \frac{\lambda}{D}}\right) z\right]\right\} \qquad (3)$$

mit

$$b = \frac{v}{2 \cdot D \cdot \Phi}$$

λ ist die Umwandlungskonstante des entsprechenden Radonnuklids.

Abb. 1 zeigt die nach Gl. (3) berechnete Tiefenabhängigkeit der Aktivitätskonzentrationen für ^{222}Rn und ^{220}Rn im Porenraum eines Bodens mit $c_\infty = 120$ Bq · l^{-1}, $D = 0{,}02$ cm^2 · s^{-1}, $\Phi = 0{,}25$, $v = \pm 10^{-4}$ cm · s^{-1}.

Bemerkenswert ist bei ^{222}Rn mit $\lambda = 2{,}1 \cdot 10^{-6}$ s^{-1} die starke Änderung der Werte durch den vertikalen Gastransport um mehr als $\pm 50\%$ in der Tiefe von 0,6 m, wenn die Gasbewegung nur etwa $\pm 0{,}1$ m/d beträgt. Für ^{220}Rn mit $\lambda = 1{,}25 \cdot 10^{-2}$ s^{-1} ist bereits bei einer Tiefe von 0,1 m die Aktivitätskonzentration c_∞ erreicht, so daß bei 0,6 m eine Beeinflussung von c durch meteorologische Effekte an der Erdoberfläche nicht möglich ist. Allerdings können auch in dieser Tiefe meteorologisch bedingte Änderungen der Temperatur und des Wassergehaltes des Gesteins die Emanierfähigkeit η verändern, was eine Änderung von c_∞ (s. Gl. (1)) und somit der Aktivitätskonzentration im Porenraum zur Folge hat.

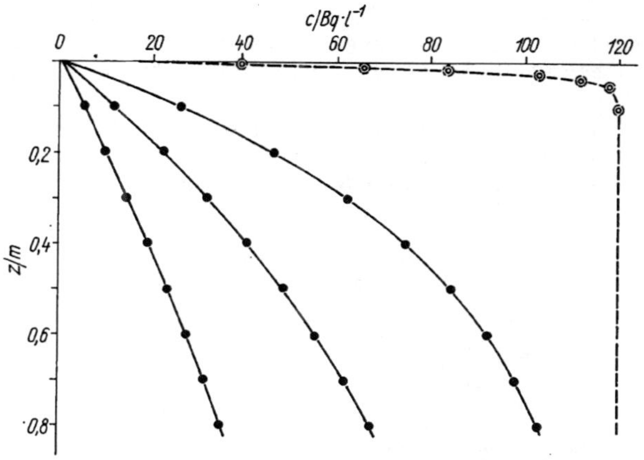

Abb. 1. Berechnete Tiefenabhängigkeiten der Aktivitätskonzentration für ^{222}Rn (ausgezogene Linien) und für ^{220}Rn (gestrichelte Linie) Linke Kurve: $v\downarrow$; mittlere Kurve: $v = 0$; rechte Kurve: $v\uparrow$

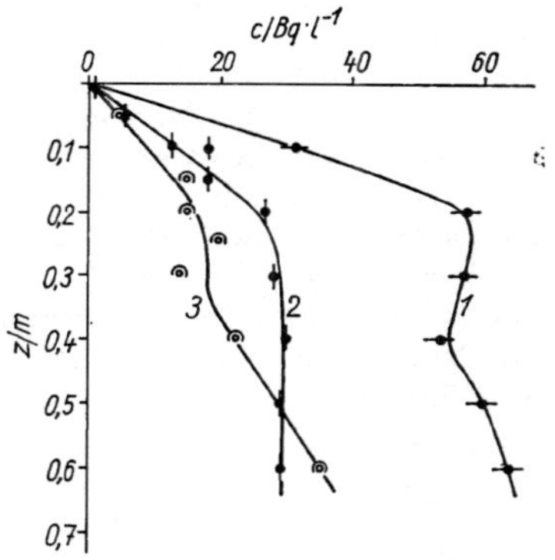

Abb. 2. Gemessene Tiefenabhängigkeiten der Aktivitätskonzentration der Bodenluft bei unterschiedlichem Bodenbewuchs
1 — Ackerboden ohne Pflanzen; 2 — Grasland; 3 — Büsche und Bäume

Abb. 2 zeigt die gemessene Tiefenabhängigkeit der ^{222}Rn-Aktivität der Porenluft im Verwitterungsmaterial eines Festgesteins an drei Meßpunkten mit unterschiedlichem Pflanzenbewuchs. Die Messungen erfolgten an einem meteorologisch ruhigen Tag (10. 10. 1980). Die Kurven haben zwar die erwartete Tendenz, weichen aber vor allem im Tiefenbereich 0,2 bis 0,3 m vom Verlauf nach Abb. 1 ab, was auf tiefenabhängige Veränderungen von D und w_M zurückgeführt werden kann. Auch dürften die temperaturabhängigen Lösungs- und Entgasungsvorgänge von Radon im Porenwasser die Kurvenform beeinflussen. Das unterschiedliche Gefälle $\frac{\partial c}{\partial z}$ im Tiefenbereich 0 bis 0,1 m läßt sich mit einer Auflockerung der Bodenzone durch Pflanzenwurzeln erklären.

Man kann nach [6] einen Aktivitätsfluß für ^{222}Rn durch die Erdoberfläche von $4 \cdot 10^{-6}$ Bq · cm^{-2} s^{-1} annehmen. Aus Kurve 2 von Abb. 2 ergibt sich im Tiefenbereich 0 bis 0,1 m ein Gefälle der Aktivitätskonzentration von $1{,}3 \cdot 10^{-3}$ $\text{Bq} \cdot \text{cm}^{-4}$. Bei Annahme einer Bodenporosität $\Phi = 0{,}25$ folgt für den Diffusionskoeffizienten D nach Gl. (2): $D = 0{,}012\ \text{cm}^2 \cdot \text{s}^{-1}$.

4. Radonmessung

Die Langzeitmessungen des Radongehaltes der oberflächennahen Bodenluft erfolgen an einem Punkt in der Verwitterungsschicht des Freiberger Gneises (Tiefe 0,65 m) mit Hilfe eines kontinuierlich arbeitenden α-Szintillationszählers. Die radonhaltige Porenluft wird durch ein in den Erdboden eingeschlagenes Stahlrohr mit einer Membranpumpe in eine mit ZnS:Ag beschichtete Szintillationskammer befördert (Abb. 3). Der Volumenstrom des Bodengases beträgt $1\ l \cdot \text{min}^{-1}$ (unter Normalbedingungen).

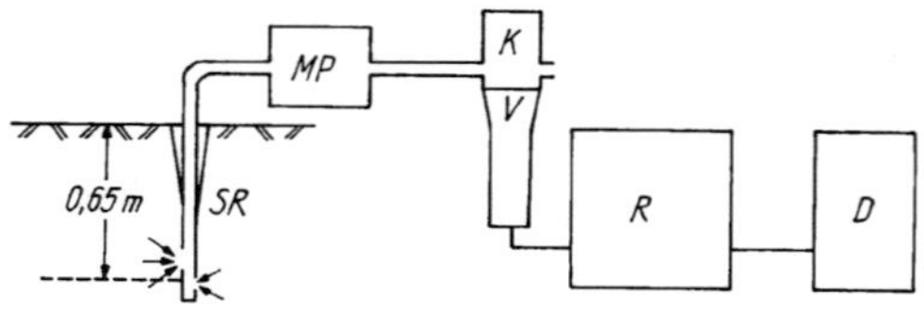

Abb. 3. Anordnung für Langzeitmessungen
SR – Stahlrohr; MP – Membranpumpe; K – α-Szintillationskammer; V – SEV; R – Verstärker und Impulszähler; D – Drucker

Die mit der Meßeinrichtung gezählten α-Teilchen werden bei der Umwandlung der beiden Radonisotope ^{220}Rn und ^{222}Rn und deren Nachfolger ^{216}Po, ^{212}Po und ^{218}Po, ^{214}Po erzeugt.

Die während der Verweilzeit des Bodengases (etwa 0,5 min) in der Meßkammer nicht umgewandelten Edelgase verlassen diese wieder. Die bei der Umwandlung entstandenen Nachfolgenuklide lagern sich rasch an der Kammerwand an [21]. Sie erhöhen die Zählraten, auch wenn die Mutternuklide die Kammer bereits wieder verlassen haben.

Bei den punktweisen Messungen der Bodenluftaktivität eines Tiefenprofils für ^{222}Rn (Abb. 2) wurde die Bodenluft in einen Behälter gesaugt und nach einer Zeit > 6 min in die Meßkammer befördert, nachdem die ^{220}Rn-Aktivität auf < 1% abgesunken war.

5. Radonexhalation und meteorologische Bedingungen

Es wurde die Aktivitätskonzentration von Radon in der Bodenluft aus 0,65 m Tiefe mit der 1 m über der Erdoberfläche gemessenen Lufttemperatur, dem Luftdruck, der relativen Luftfeuchte und der Niederschlagsmenge verglichen.

Dazu zeichnete man die während einer Zeit von über einem Jahr gemessenen Aktivitätskonzentrationen c zusammen mit den Temperaturen T, den Luftdruckwerten p und den relativen Luftfeuchten φ auf (z.B. Abb. 4).

Durch Berechnung der arithmetischen Mittel wurden 6-Stunden-, Tages- und Monatsmittelwerte gebildet. Der stochastische Zusammenhang zwischen c und den meteorologischen Daten wurde gesucht. Es zeigte sich, daß die Aktivitätskonzentration eindeutig mit der Lufttemperatur T korreliert werden kann. Eine Zunahme der c-Werte mit ansteigendem Luftdruck ist zu bemerken [7], ein sicherer Zusammenhang konnte jedoch nicht gefunden werden. Ebenso war eine Abhängigkeit der Aktivitätskonzentration

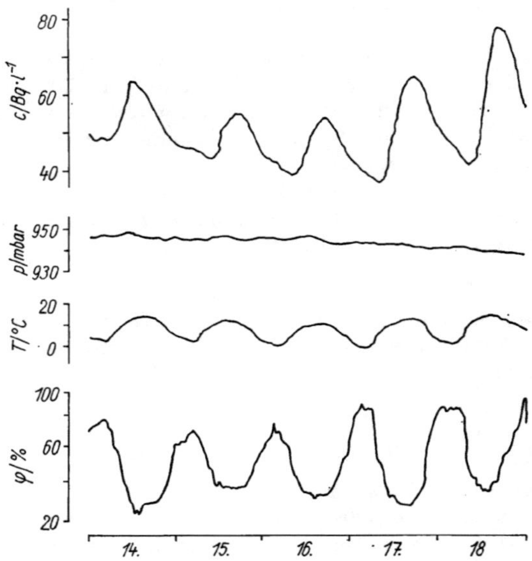

Abb. 4. Zeitlicher Verlauf von Bodenluftaktivität c, Luftdruck p, Temperatur T und relativer Luftfeutigkeit φ vom 14. 5. 1980 bis zum 18. 5. 1980

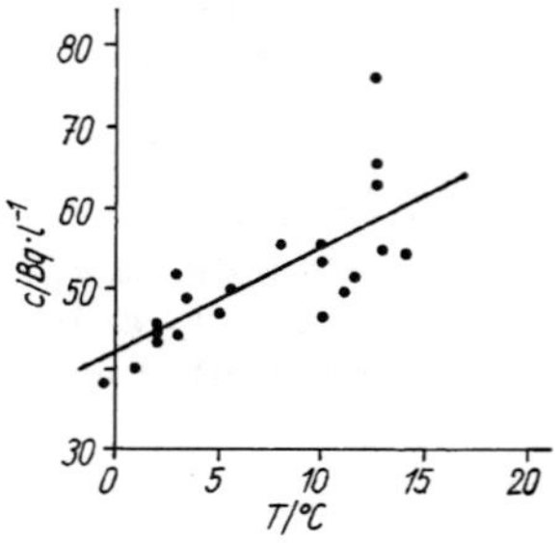

Abb. 5. Streudiagramm, 6-h-Werte vom 14. 5. 1980 bis zum 18. 5. 1980

von Niederschlägen als Regen oder Schnee [22] und der relativen Luftfeuchte nicht zu belegen.

Es wurde deshalb der gut beobachtete Zusammenhang zwischen c und der Lufttemperatur T untersucht. Für die in Abb. 4 dargestellten Kurven wurden beispielsweise 6-h-Werte gebildet und in einem c-T-Streudiagramm dargestellt (Abb. 5). Eine Korrelationsrechnung ergibt einen sicheren Zusammenhang (Korrelationskoeffizient $r = 0{,}72$) $c = (42 \pm 8) + (1{,}3 \pm 0{,}3)\ T$, c in $\text{Bq} \cdot \text{l}^{-1}$, T in °C. Die eingezeichnete Regressionsgerade zeigt den berechneten linearen Zusammenhang.

Die Darstellung der Tagesmittelwerte ließen unterschiedliche c-T-Abhängigkeiten im Winter und im Sommer erkennen. Die Streudiagramme Abb. 6 und Abb. 7 zeigen dies deutlich. Im Winter ist die Bodenluftaktivität c von der Lufttemperatur T fast unabhängig bzw. leicht gegenläufig: $c = (16 \pm 0{,}2) - (0{,}29 \pm 0{,}04)\ T$ mit $r = -0{,}7$. Im Sommer nimmt die Aktivität mit steigender Temperatur zu und es gilt: $c = (-2 \pm 5) + (2{,}08 \pm 0{,}32)\ T$ mit $r = 0{,}8$. Das Umschlagen Winter-/Sommerabhängigkeit und umgekehrt erfolgt etwa zum Frühjahrsbeginn und zum Herbstbeginn. Über den genauen zeitlichen Verlauf des Steigerungsmaßes für T in Abhängigkeit von der Jahreszeit liegen noch keine sicheren Ergebnisse vor.

Die vom September 1979 bis Juli 1981 gemessenen Aktivitätswerte sind in 23 Monatsmittelwerten enthalten und der zeitliche Verlauf ist in Abb. 8 zusammen mit den monatlichen Temperaturmittelwerten dargestellt. Abb. 9 stellt

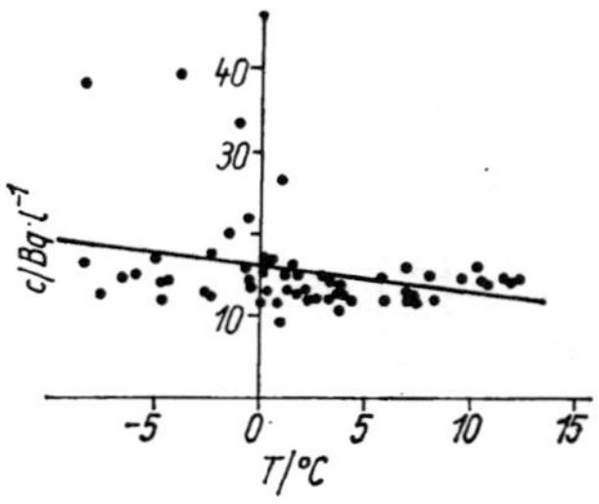

Abb. 6. Streudiagramm, Tagesmittelwerte Winter vom 9. 11. 1980 bis zum 6. 1. 1981

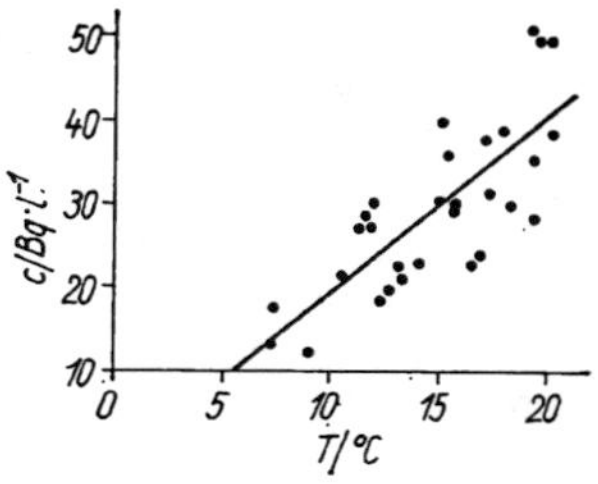

Abb. 7. Streudiagramm, Tagesmittelwerte Sommer vom 4. 5. 1981 bis zum 2. 6. 1981

das Streudiagramm für diese Wertepaare dar. Es ergibt sich bei guter Korrelierbarkeit ($r = 0{,}7$) der Zusammenhang $c = (17{,}4 \pm 1{,}9) + (0{,}89 \pm 0{,}20)\ T$ mit c in $\mathrm{Bq} \cdot \mathrm{l}^{-1}$ und T in °C.

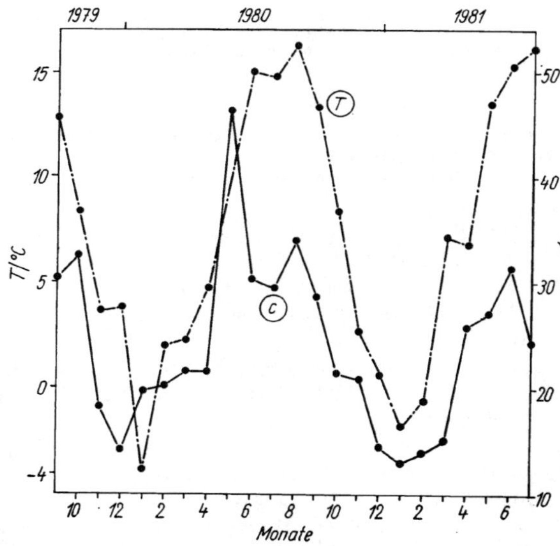

Abb. 8. Zeitlicher Verlauf der Monatsmittelwerte 9/1979 bis 7/1981

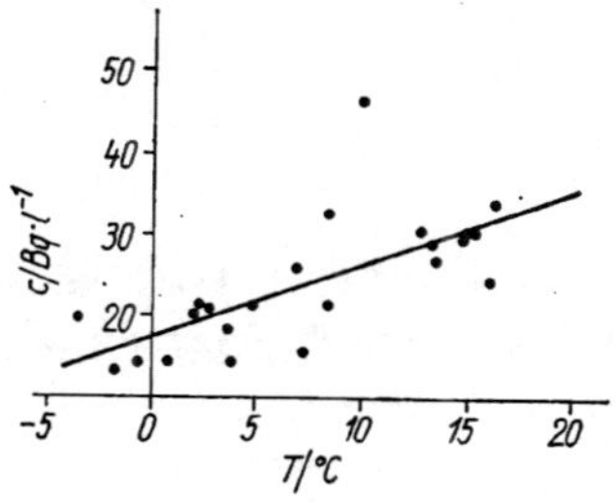

Abb. 9. Streudiagramm, Monatsmittelwerte von 9/1979 bis 7/1981

Diese Beziehung kann für die neuartige Methode der Radonmessung mit Festkörperspurdetektoren [23, 24, 7] benutzt werden, um bei ähnlichen Bodenverhältnissen eine Temperaturkorrektion an den Meßwerten bei geowissenschaftlichen Erkundungen vornehmen zu können.

Für anregende Diskussionen danken wir Herrn Dipl.-Phys. *R. Gellermann.*

Eingegangen am 30. 9. 1981

Literatur

[1] *F. Weigel*, Chemiker-Zeitung **102** (1978) 287
[2] IAEA Proceedings Series, Exploration for Uranium Ore Deposits Sessions 3 and 4, S. 185–239. Vienna: IAEA 1976, STI/PUB/434
[3] *L. W. Gorbuschina, Ju. S. Rjaboschtan*, Sov. Geologija **1975**, 106
[4] *C.-Y. King*, Nature **271** (1978) 140
[5] *M. H. Shapiro, J. D. Melvin, T. A. Tombrello, M. H. Mendenhall*, J. Geophys. Res. **86** (1981) 1725
[6] *H. Gast, K. Fröhlich, W. Stolz*, Neue Bergbautechnik **10** (1980) 640
[7] *W. Stolz, H. Gast*, ZFI-Mitteilungen, Nr. 29 (1980) 138
[8] *S. Okabe*, Univ. Kyoto, Mem. Coll. Sci. **28** (1956) 99
[9] *V. J. Ulomov, B. Z. Mavashev*, Izv. Akad. Nauk. Usb. SSR **1971**, 188
[10] *P. L. Liu, D. K. Wan, T. M. Wan*, Acta Geophys. Sinica **18** (1975) 279
[11] *A. Morgo-Campero, R. L. Fleischer, R. S. Likes*, J. Geophys. Res. **85** (1980) 3053
[12] *C.-Y. King*, J. Geophys. Res. **85** (1980) 3065
[13] *P. Talvani, W. S. Moore, J. Chiang*, J. Geophys. Res. **85** (1980) 3079
[14] *T.-L. Teng*, J. Geophys. Res. **85** (1980) 3089
[15] *G. F. Birchrad, W. F. Libby*, J. Geophys. Res. **85** (1980) 3100
[16] *H. Wakita, Y. Nakamura, K. Notsu, M. Noguchi, T. Asada*, Science **207** (1980) 882
[17] *E. Hauksson*, EOS **62** (1981) 881
[18] *R. L. Fleischer*, Science **207** (1980) 979
[19] *W. E. Clements, M. H. Wilkening*, J. Geophys. Res. **79** (1974) 5025
[20] *G. L. Schroeder, H. W. Kraner, R. D. Evans*, J. Geophys. Res. **70** (1965) 471
[21] *J. D. Melvin, M. H. Shapiro, N. A. Copping*, Nucl. Instr. Meth. **153** (1978) 239
[22] *H. Bender*, Gerl. Beitr. Geophysik **41** (1934) 401
[23] *W. Stolz*, Radioaktivität Teil II, BSB Leipzig: B. G. Teubner Verlagsgesellschaft 1978
[24] *J. Kvasnička*, Nucl. Instr. Meth. **174** (1980) 599

Excitation of the Characteristic K Series Radiation, Coherent and Incoherent Scatter of Low Energy Gamma Rays

J. Šulc

(Technical College of Mechanical and Textile Engineering, Liberec)[1]

On the basis of a simplified mathematical model there is calculated the probability of a photon of characteristic K series radiation excited by a photon of low energy gamma radiation hitting the detector. There are also included the probabilities for coherently and incoherently scattered primary radiation considering electron binding energies.

Keywords

excitation; gamma radiation; K radiation; mathematical models; scattering; X-ray fluorescence

Introduction and theoretical part

X-ray fluorescence (XRF) induced by low energy photon radiation from radionuclide sources has now become a very useful technique for the elemental analysis and for thickness measurements of coatings. This method is based on the excitation of the characteristic radiation of the elements at photoelectric absorption of the primary radiation. It is well known that the photoelectric absorption is not the only way of interaction of the photon radiation with target material but the coherent (*Rayleigh*) and incoherent (*Compton*) scattering of the primary radiation also take place.

For the preliminary evaluation of the possibilities of XRF method in relation to the considered application it is sometimes desirable to know the mutual ratio of these three components in total secondary radiation. The exact analytical solution for real source—target—detector system is mathematically tedious in majority of cases. But for the above mentioned purpose an approximate solution based on the suitably simplified imagination on the geometrical arrangement of the measuring system is usually sufficient. Such a model assembly is shown in Fig. 1.

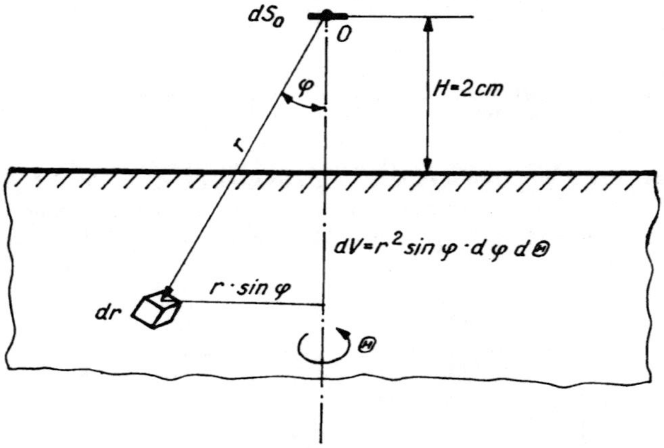

Fig. 1. Scheme of the source — target — detector arrangement
Bitte beachten: Statt $dV = r^2 \cdot \sin\varphi \cdot d\varphi \cdot d\theta$ lies $dV = r^2 \cdot \sin\varphi \cdot d\varphi \cdot d\theta \cdot dr$

A point source of primary radiation is placed at the point 0 at a distance H above the plane surface of the "semiinfinitive" layer of a pure element. The point 0 is also the centre of a detector window and origin of the polar system of coordinates with polar axis going perpendicularly to the target surface and detector window.

Let us assume that the primary radiation has an energy greater than the energy of the K absorption edge of the target element. In this case the probability p that a photon of the characteristic radiation of the K series excited in a volume element dV is incident on the elementar surface dS_0 with its centre in the point 0 can be expressed as

$$P = \frac{\tau \cdot \varrho \cdot \omega (S_K - 1)}{16 \cdot \pi^2 \cdot S_K} \cdot \frac{1}{r^2} \times \exp\left[-(\mu_0 + \mu_f) \cdot \varrho \cdot \left(r - \frac{H}{\cos\varphi}\right)\right] \times \sin\varphi \cdot \cos\varphi \cdot d\varphi \cdot dr \cdot d\theta \cdot dS_0 \tag{1}$$

where

- τ — the total photoelectric mass absorption coefficient in $cm^2 \cdot g^{-1}$, of the target element for a specific energy level plus all lower energy levels,
- ϱ — the density of the target element in $g \cdot cm^{-3}$,
- ω — fluorescence yield,
- S_K — the ratio between the photoelectric mass absorption coefficients at the top and the bottom of the K absorption edge energy.
- μ_0, μ_f — the total mass absorption coefficients, in $cm^2 \cdot g^{-1}$, of the target material for the primary radiation and for the fluorescent K X-rays, respectively.

The total probability p_{ph} that a photon of the characteristic radiation of the K series excited in the whole volume of the target element is incident on the surface element dS_0 can be obtained by integration of the Eq. (1):

$$p_{ph} = \frac{\tau \cdot \varrho \cdot \omega \cdot (S_K - 1)}{8 \cdot \pi \cdot S_K} \cdot dS_0 \times \int_0^{\frac{\pi}{2}} \exp\left[(\mu_0 + \mu_f) \cdot \varrho \cdot \frac{H}{\cos\varphi}\right] \cdot \sin\varphi \cdot \cos\varphi \cdot d\varphi \times \int_{\frac{H}{\cos\varphi}}^{\infty} \frac{1}{r^2} \exp\left[-(\mu_0 + \mu_f) \cdot r\right] \cdot dr \tag{2}$$

---

[1]) Address: Hálkova 6, 461 17 Liberec 1/ČSSR

On the basis of a general formula given in [1]

$$\int_u^\infty \frac{e^{-p\cdot x}}{x^{n+1}} \cdot dx = (-1)^{n+1} \cdot \frac{p^n \cdot Ei(-p\cdot u)}{n!} + \frac{e^{-p\cdot u}}{u^n} \times \sum_{k=0}^{n-1} \frac{(-1)^k \cdot p^k \cdot u^k}{n(n-1)\dots(n-k)} \quad (3)$$

the second integral can be solved as follows:

$$\int_{\frac{H}{\cos\varphi}}^\infty \frac{1}{r^2} \cdot \exp\left[-(\mu_0+\mu_f)\cdot\varrho\cdot r\right]\cdot dr = (\mu_0+\mu_f)\cdot\varrho\cdot Ei\left[-(\mu_0+\mu_f)\cdot\varrho\cdot\frac{H}{\cos\varphi}\right] + \frac{\exp\left[-(\mu_0+\mu_f)\cdot\varrho\cdot\frac{H}{\cos\varphi}\right]}{\frac{H}{\cos\varphi}} \quad (4)$$

With respect to the magnitudes of μ_0, μ_f for available low energy gamma sources and ϱ for solid state target elements we can write

$$(\mu_0+\mu_f)\cdot\varrho\cdot\frac{H}{\cos\varphi} \gg 1 \quad (5)$$

In this case the function

$$Ei\left[-(\mu_0+\mu_f)\cdot\varrho\cdot\frac{H}{\cos\varphi}\right]$$

written in a shorter way as $Ei(-x)$ can be approximated as follows

$$Ei(-x) \approx \frac{e^{-x}}{-x}\left(1 - \frac{1!}{x} + \frac{2!}{x^2} - \frac{3!}{x^3} + \dots\right) \quad (6)$$

Making use of Eq. (6) and with respect to the above given condition (Eq. (5)) neglecting all the high order terms we can write

$$Ei\left[-(\mu_0+\mu_f)\cdot\varrho\cdot\frac{H}{\cos\varphi}\right] \approx \frac{\exp\left[-(\mu_0+\mu_f)\cdot\varrho\cdot\frac{H}{\cos\varphi}\right]}{(\mu_0+\mu_f)\cdot\varrho\cdot\frac{H}{\cos\varphi}} \times \left[-1 + \frac{1}{(\mu_0+\mu_f)\cdot\varrho\cdot\frac{H}{\cos\varphi}}\right] \quad (7)$$

In favour of the simplicity of the solution we shall suppose the detector window area to be eqaul to unit area with its centre in the point 0.

Then after integration the probability p_{ph} is given as

$$p_{ph} = \frac{\tau\cdot\omega\cdot(S_k - 1)}{32\pi(\mu_0+\mu_f)\cdot S_k\cdot H^2} \quad (8)$$

The probabilities p_{ph} computed by means of Eq. (8) for the energies of primary radiation 6, 22, 60 and 122 keV and for suitably chosen target materials are given in Fig. 2 and 3.

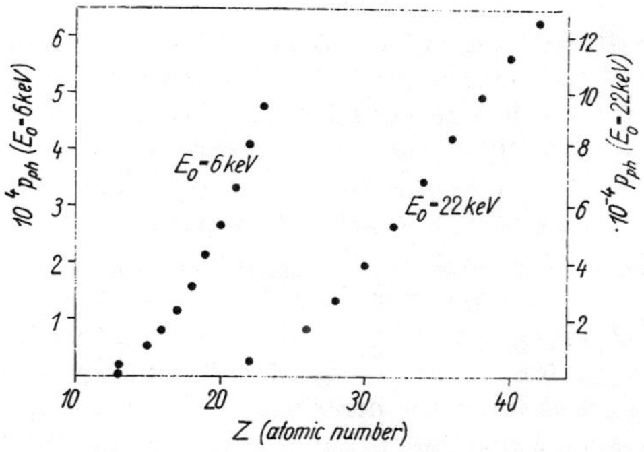

Fig. 2. Probabilities p_{ph} for energy of the primary radiation E_0 = 6 keV and E_0 = 22 keV

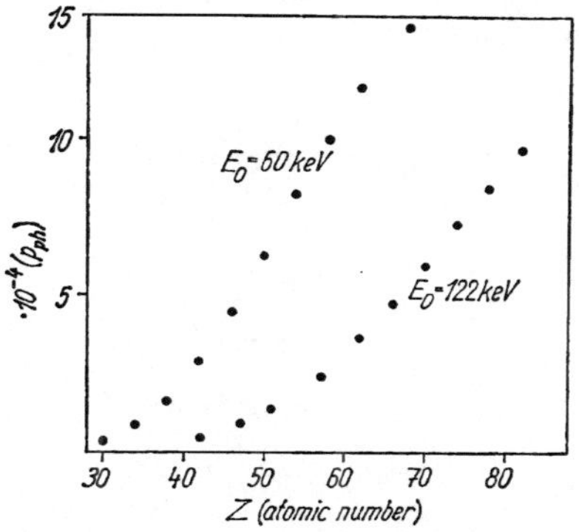

Fig. 3. Probabilities p_{ph} for energy of the primary radiation E_0 = 60 keV and E_0 = 122 keV

These energies are close to principal photon energies of currently used radioisotope sources for X-ray fluorescence ^{55}Fe(Mn$K_{\alpha1}$ → 5,898 keV), ^{109}Cd(Ag $K_{\alpha1}$ → 22,162 keV), ^{241}Am (E_0 = 59,5 keV) and ^{57}Co (E_0 = 121,9 keV).

It is evident that if the assumption expressed by Eq. (5) is valid, then the solution of the integrals in Eq. (2) is independent of the way of interaction of the primary radiation with the target material. For this reason there is no need to describe the derivation of the expressions for the probabilities considering coherent and incoherent scatter.

The probability p_{coh} that a photon of the primary radiation coherently csattered in the whole volume of the target material is incident on the unit area with its centre in the point 0 can be expressed as

$$p_{coh} = \frac{d\sigma_T(\theta)/d\Omega\cdot[F(x,Z)]^2\cdot N_A}{16M\cdot\mu_0 H^2} \quad (9)$$

where

- $d\sigma_T(\theta)/d\Omega$ — differential *Thomson* scattering cross section, in cm² per electron
- $F(x, Z)$ — atomic form factor
- x — sin $(\theta/2)/\lambda$ [Å]
- θ — angle between the photon direction of travel prior to and following a scattering interaction, $\theta = \pi$
- λ — photon wavelength in angstroms
- N_A — *Avogadro's* number
- M — atomic weight.

Similary the probability p_{inc} for incoherent scatter can be written as

$$p_{inc} = \frac{d\sigma_{KN}(\theta)/d\Omega\cdot S(x,Z)\cdot N_A}{8\cdot M(\mu_0+\mu_r)\cdot H^2} \quad (10)$$

where

$d\sigma_{KN}(\theta)/d\Omega$ — differential *Klein-Nishina* collision cross section, in cm² per electron

$S(x, Z)$ — incoherent scattering function

μ_r — the total mass absorption coefficient, in $cm^2 \cdot g^{-1}$, of the target element for the scattered primary radiation.

In Fig. 4—6 probabilities p_{coh} and p_{inc} for the energies of primary radiation 6,22 and 60 keV are given. These values, of course, can be used as the asses of probabilities p_{coh} and p_{inc} for the above mentioned radioisotope sources except for such target elements whose absorption edge energy is between considered primary energy (6, 22 and 60 keV) and the energy of the radioisotope sources. The same is valid for the energies of scattered primary radiation. The atomic numbers of these elements and corresponding absorption edge energies are given in Fig. 4—6.

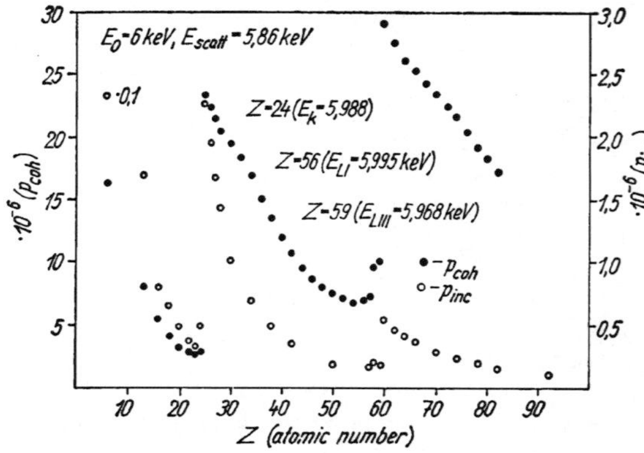

Fig. 4. Probabilities p_{coh} and p_{inc} for energy of the primary radiation $E_0 = 6$ keV

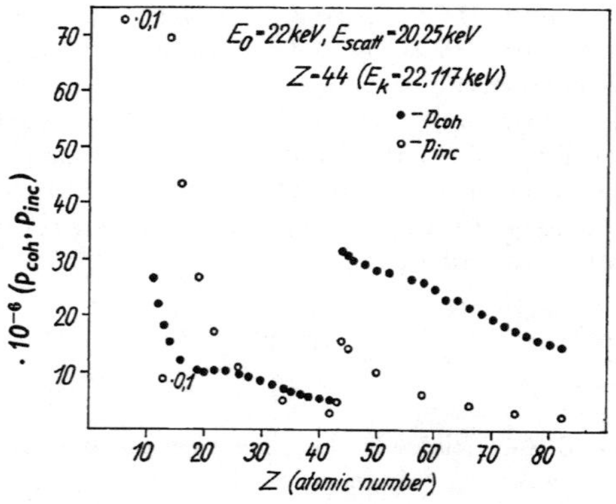

Fig. 5. Probabilities p_{coh} and p_{inc} for energy of the primary radiation $E_0 = 22$ keV

The range of the applied target materials for the energy of the primary radiation $E_0 = 60$ keV is limited in direction to low Z elements in order to secure the validity of the Eq. (5).

All photoelectric and total mass absorption coefficients used in this paper were taken from [2], fluorescence yields from [3], and atomic form factors and incoherent scattering functions were determined by means of the tabulated values taken from [4].

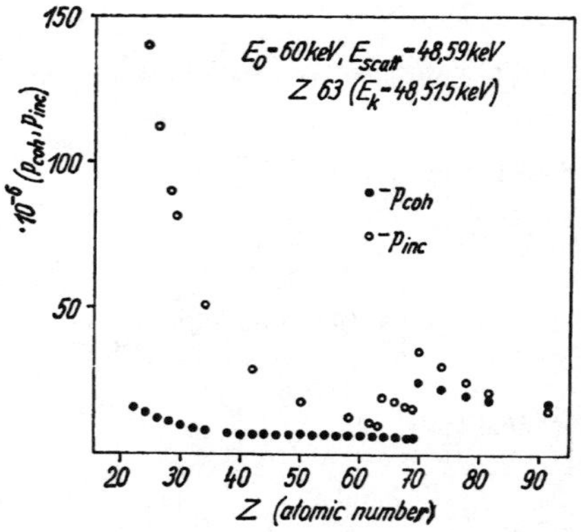

Fig. 6. Probabilities p_{coh} and p_{inc} for energy of the primary radiation $E_0 = 60$ keV

Conclusions

As it is illustrated in Fig. 2 and 3 the probabilities p_{ph} are smooth functions of the atomic numbers. The values of these probabilities range approximately from 10^{-5} to 10^{-3} depending on an atomic number of the target element and the energy of the primary radiation.

In Fig. 4—6 the probabilities p_{coh} and p_{inc} are given. Their dependence on the atomic number exhibits discontinuities between such two neigbouring atomic numbers whose absorption edge energy is just above and below the energy of the primary radiation or the energy of the scattered radiation.

From the comparison of the magnitudes of p_{coh} and p_{inc} for energy of the primary radiation $E_0 = 6$ keV follows that p_{coh} is greater than p_{inc} for all considered atomic numbers except for $Z = 6$.

On the contrary for $E_0 = 60$ keV p_{coh} is less than p_{inc} with exception of $Z = 92$ while for $E_0 = 22$ keV p_{coh} is greater than p_{inc} for $Z > 26$.

All the values given in Fig. 2—6 can serve as the estimation of the corresponding probabilities for some real source–target–detector measuring system. In such a case the exact values of these probabilieites could be obtained by the *Monte Carlo* method.

Received July 7, 1981

References

[1] *I. S. Gradshtejn, I. M. Ryzhik*, Tablicy integralov, summ, rjadov i proizvedenij. Nauka, Moskva, 1971

[2] *E. Storm, H. Israel*, Photon Cross Sections from 0·001 to 100 MeV for Elements 1 through 100. Los Alamos, 1967

[3] *W. Bambynek* et al., Rev. Mod. Phys. **44** (1972) 716

[4] *J. H. Hubbell* et al., J. Phys. Chem. Ref. Data, **4** (1975) 471

Electrical Conductivity of γ-Irradiated Native and Mercerized Cotton Celluloses

M. M. Abou Sekkina[1]), *M. Moharram, N. Abdel Hakeem*

In the present study, the electrical conductivity (σ) of ball-milled and NaOH treated cotton fibres were measured in vacuum. The induced electrical conductivity and the activation energy ΔE of γ-irradiated samples were measured as a function of radiation doses and at various temperatures. It was found that γ-irradiation of cotton fibres either decreases or increases its electrical conductivity. Thus, it was found that γ-irradiations of cotton reduces the conductivity of the samples having particles sizes ranging from 0·07 to 0·11 mm and the magnitude of the reduction deminuishes as the particle size increases. The results have also showed that for any given concentration γ-irradiation of NaOH treated samples causes an increase of the measured electrical conductivity.

Keywords

cellulose; cobalt 60; cotton; electric conductivity; gamma radiation; irradiation

Introduction

The electrical conductivity of textile fibres have been previously investigated by several workers [1—8]. The electrical conductivity is concerned because the static charges built up on the textile fibres cause a variety of troubles in the textile industry. Most of the earlier investigators have principally concerned with the effect of humidity on the electrical properties of cotton fibres [1—8] and teyh stated that moisture is the most important factor in determining the electrical conductivity of textile materials and causes a variation over a range of at least 10^{10} times. Actually, moisture content moisture distribution, ion concentration, chain length, ash, density and species are the most important factors influencing the dc resistance of textile fibres. However, the effect of high energy ionizing radiation on the electrical properties of textile fibres has not yet been fully investigated.

The present study was undertaken to investigated the effect of γ-radiation on the electrical conductivity of ball-milled and mercerized cotton fibres.

Experimental

Fibres of Giza 66 were first washed with hot ethanol, then boiled for 25 h in a solution of 1% NaOH, washed with distilled water and dilute acetic acid, neutralized with dilute NaOH, and finally washed several times with distilled water.

The dried fibres were cut into small pieces and then ground in a hardened steel vial containing two hardened steel balls. The vial was filled in a spex-Mixer mill which was rotated several times for short periods. The obtained powder was then sieved to partial fractions of different particle sizes.λ

The powder was immersed in NaOH solution of various concentrations at room temperature (27 °C) for 12 min. The material liquor ratio was 1:50. The powder was then washed with distilled water and then treated with 1% acetic acid solution for 5 min.

The conductivity measurements were carried out on the samples using DC electrometer of type TR-150 I Orion-K.T.V., Budapest. A sample holder or conductivity cell, made of pyrex tube was used. The pyrex was provided with a ground joint to be connected to a detachable head through which one electrical lead passed by way of a tungsten rod the glass seals. In a diametrically opposite side of the tube, the second lead was spot welded and sealed in glass via a tungesten rod. The two electrodes were made of platinum. The conductivity cell with the specimen inside could be evacuated well by means of an upper tube designed in the ground joint.

The samples used in the measurements were pressed into cylindrical pellets at a pressure of about 200 kg/cm². This pressure was chosen as the electrical conductivity was independent of load.

KBr discs were preparaed from the treated samples. The infrared spectra were recorded on a Beckman spectrophotometer. The X-ray diffraction patterns were obtained on a Siemens U 500 diffractometer. The powder was filled in the specimen holder and all the samples were subjected to the same pressure.

The samples were irradiated at room temperature in a ^{60}Co γ-radiation cell up to 5×10^7 rad.

Results and Discussion

Samples of cotton of different particle sizes were exposed to γ-radiation at a dosage level of 4×10^7 rad in a atmosphere of air at room temperature. The electrical conductivity σ was then measured at different temperatures. The measured values of log σ were plotted against the reciprocal of absolute temperature $\left(\frac{1}{T}\right)$. It was found that log σ decreases linearly as the temperature is decreased. From this linear relationship log σ was measured at 100 °C and tbe activation energy ΔE (eV) was calculated from the relation (smith 1963)

$$\sigma = \sigma_0 \, e^{-\frac{\Delta E}{2XT}},$$

[1]) Author to whom all correspondence to be addressed: Chemistry Department, Faculty of Science, Tanta University, Tanta, Egypt

where σ is the electrical conductivity at a given temperature T, σ_0 is the initial conductivity, and K is the *Boltzmann* constant.

The variation of log σ_{100} and ΔE as a function of particle size is represented graphically in Fig. 1 and 2. The values corresponding to the unirradiated samples are also plotted in the same fig. It appears from Fig. 1 that log σ_{100} increases while ΔE decreases with the increase of particle size. But it seems very interesting to mention, here that γ-irradiation of cotton powder either decreases or increases its electrical conductivity, and consequently either increases or decreases the corresponding ΔE values of the test samples, depending on their degree of crystallinity with respect to their values before irradiation.

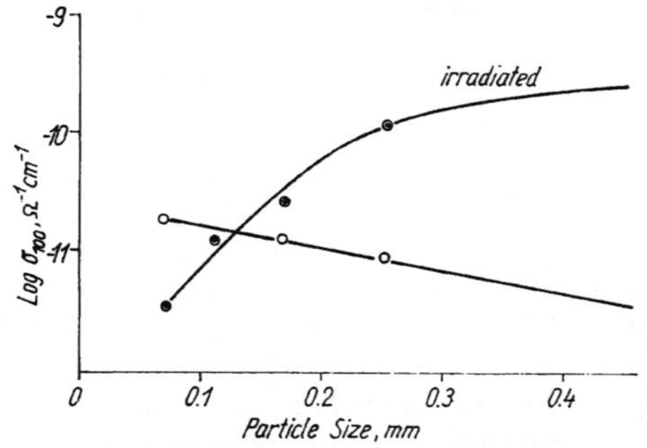

Fig. 1. The variation of electrical conductivity (log σ_{100}) as a function of particle size, before and after irradiation

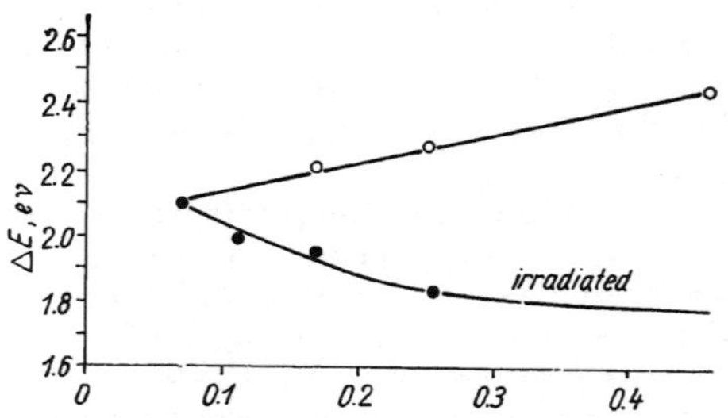

Fig. 2. A schematic representation showing the variation of activation energy for conduction as a function of particle size, before and after irradiation

Thus, it appears from Fig. 1 that γ-irradiation of cotton reduces the conductivity of the samples having particles sizes ranging from 0·07 to 0·11 mm, and the magnitude of this reduction deminishes as the particles size increases. γ-irradiation of the samples having particle sizes higher than 0·11 mm in diameter increases their conductivity than these of the unexposed ones. It appears from Fig. 2 that γ-irradiation affects the values of ΔE but in opposite direction to that of log σ_{100} (Fig. 3). That is to say, the curves representing the behaviour of log σ_{100} values as a function of degree of crystallinity for the unirradiated and γ-irradiated samples are mirror images to those constructed for the ΔE values displaying a plane of symmetry Fig. 1, 2.

This could be easily explained on the basis that γ-irradiation highly affects the lower particle size of cotton since these have originally more lattice defects than for those of the high particle size. Thus γ-irradiation of the lower particle size sample may induce further lattice defects as a result of lattice defects may act a scattering centres and barrier energy for the flow of electrical current. This may reflect itself in the decrease of the obtained values of the electrical conductivity and their subsequent increase of the activation energy values. This was in accordance with the previous foundation of *Viadiminskii* and *Nikitinskaya* [9] and *Ibrahim* et al. [10].

An explaination of this behaviour includes the stepwise mechanism of γ-radiation damage. This takes place via particle dissociation of macromolecular cellulose polymer giving rise to a free radicals. The generated free radicals may recombine with other molecules and/or remain them. This intern may produce long chain or crosslinked copolymer and the electrical conductivity increases therefore, the corresponding activation energy increases progressively in the same direction.

The increase of conductivity of the coarse sample after γ-irradiation could be attributed to the increase of the number and mobility of charge carriers present. These charge carriers are created as a result of the ionizing effects of γ-radiation damage (γ-radiolysis) which provides mobile free charge carrier capable for conduction of the electric current.

The subsequent decrease in values of log σ of γ-irradiated samples with decreasing the particle size may be considered to be associated with irradiation damage and the formation of colour centres (impurity centres). The later is caused by the creation of trapping centres and/or rearrangement in fibre structure as a result of irradiation of the less ordered samples. However, it was generally accepted that the type and number of free radicals generated from cellulose after γ-irradiation depend on the fine structure of cellulose (*Ahmed* et al. 1972 [11]), *Skimada* et al. (1974 [12]).

The NaOH treated samples were also exposed to the same dosage of γ-radiation under the same prementioned conditions. Log σ_{100} and ΔE were calculated. Fig. 3 indicates the variation of log σ_{100} with NaOH concentration respectively. For the purpose of comparison, the same relations for the unirradiated samples are plotted in the same figures.

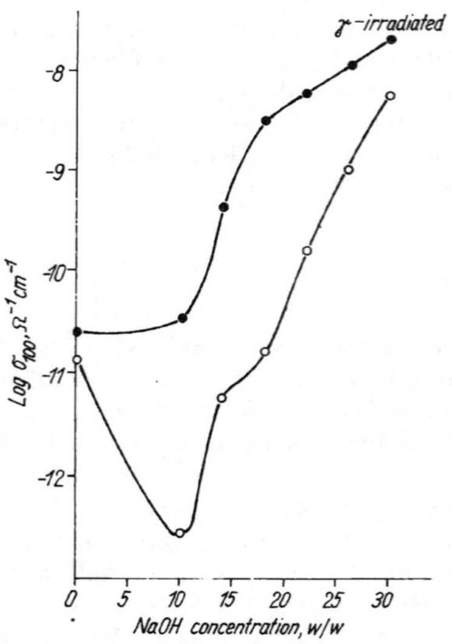

Fig. 3. A diagram showing the dependence of electrical conductivity (log σ_{100}) on NaOH concentration, before and after irradiation with gamma rays

It is clear that, for any given concentration, γ-irradiation of NaOH treated samples causes an increase of the measured electrical conductivity this could be attributed to the increase of the number and mobility of charge carriers in the same direction and/or increase of molecular weight through cross linkage acting as bridge for electron motion appreciable increases their conductivity. The rate of increase is not constant for the different concentrations of

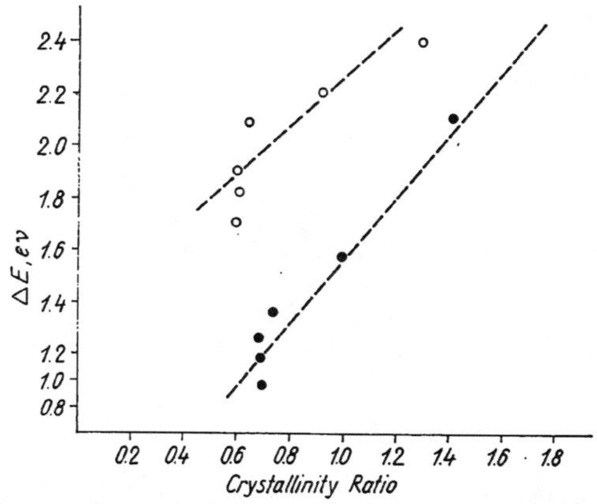

Fig. 4. A correlation showing the variation of activation energy for conduction (eV) with crystallinity ratio, before and after irradiation

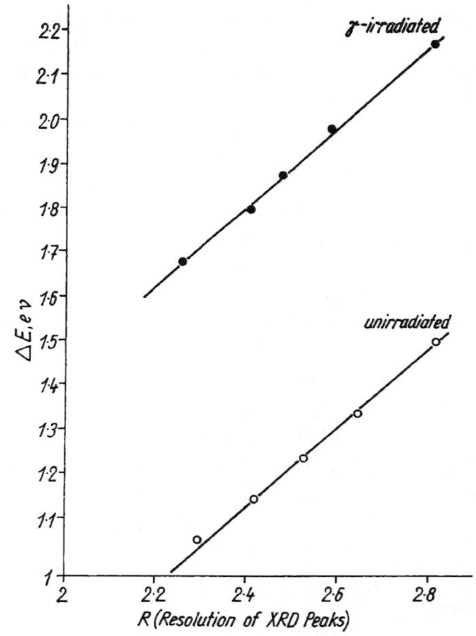

Fig. 5. A diagram representing the variation of activation energy for conduction (eV) with the resolution of X-ray diffraction peaks (R), before and after irradiation

NaOH. It varies from one concentration to another. As has been stated before (*Pandey* et al., 1969 [13] and *Patil* et al., 1965 [14]) treatment of cotton fibres with NaOH solution results in changes in the degree of crystallinity and causes a phase transformation from cellulose I lattice type to cellulose II lattice type. On the other hand several authors (*Ahmed* et al. [11] and *Skimada* et al. [12]) have claimed that the type and number of free radicals produced by γ-irradiation of cotton cellulose depends on the crystalline structure of the fibre (order and degree of crystallinity). They it could be concluded that the extent of the increase of σ-value due to γ-irradiation is originally due to the variation in the crystalline structure of each other. Fig. 4 indicates that γ-irradiation of cotton cellulose increases its activation energy and the rate of increase depends on the concentration of NaOH solution.

The values of ΔE of the irradiated samples are plotted against the resolution values (R determined from the XRD patterns [15]) in Fig. 5. It appears that, although this relation is linear for the unexposed values, it is non linear for the γ-exposed samples. Fig. 5 shows also that the variation of ΔE with *O'Connor* crystallinity [16] ratio for unirradiated and γ-irradiated sample are quite different.

Received August 12, 1981

References

[1] *J. W. S. Hearle*, J. Text. Inst. **48** (1957) 40

[2] *J. W. S. Hearle*, J. Text. Inst. **44** (1953) 117

[3] *W. E. Morton, J. W. S. Hearle*, Phýsical properties of textile fibres, John Wiley and sons, Inc. New York 1875

[4] *J. E. Algie, I. C. Watt*, Text. Res. J. **35** (1965) 922

[5] *M. Hartel, G. Kassmell, G. Maneche, W. Wullie, D. Wahrle, D. Zerpner*, Angew. Makromol. Chem. **29/30** (1973) 307

[6] *E. P. Googings*, Gurt, Rev. **95** (1976) 95

[7] *H. F. Vermaas*, Holzforschung **29** (1975) 71

[8] *M. J. J. Smith*, Appl. Physics **4** (1963) 2879

[9] *Y. U. B. Viadiminskii, T. I. Nikitinskaja*, Soviet. Phys. Solid state **7** (1966) 2192

[10] *E. M. H. Ibrahim, S. B. Hanna, M. M. Abou Sekkina*, Nucl. Sci. and Appl. **11** (1978) 99

[11] *U. A. Ahmed, W. H. Rapson*, J. Appl. polymer Sci. **10** (1972) 1945

[12] *M. Skimada, N. Nakura, Y. Kusana, O. Matsuada, N. Tomura, E. Kagyama*, J. Appl. polymer Sci. **18** (1974) 3379

[13] *S. N. Pandey, R. L. Iyengar*, Text Res. J. **39** (1969) 15

[14] *N. B. Patil, N. F. Dweltz, T. Radhaknishnan*, Tex. Res. J. **35** (1965) 517

[15] *P. K. Chidambares Waron, S. Srecnivason, N. B. Patil, V. Sundaron, B. Srinathan*, J. Appl. Polym. Scien. **20** (1976) 3443

[16] *R. T. O'Connor, E. F. Dupre, E. R. McCall*, Anal. Chem. **29** (1957) 998

Kurze Originalmitteilungen

Synthesen radioaktiv markierter Verbindungen. 48. Mitt.*) Darstellung von (1-^{14}C)-Trichloressigsäure

M. Stock, A. Bernasch, H. R. Schütte

(Institut für Biochemie der Pflanzen, Halle, des Forschungszentrums für Molekularbiologie und Medizin der Akademie der Wissenschaften der DDR)[1]

Keywords

carbon 14; labelled compounds; organic compounds; synthesis

Für pflanzenphysiologische Versuche sowie für Untersuchungen zum Rückstandsverhalten im Boden benötigten wir ^{14}C-markierte Trichloressigsäure. Diese kann einmal durch Oxydation von Chloralhydrat mittels konz. Salpetersäure dargestellt werden [2]. Andererseits erhält man die gewünschte Verbindung durch Umsetzen von Kohlendioxid mit Trichlormethyllithium [3]. Die letztgenannte Möglichkeit erscheint für eine ^{14}C-Markierung besonders günstig, da die Radioaktivität erst in der Endstufe in Form des einfachen Kohlendioxids eingeführt wird. Das

$$Cl_3C-H \xrightarrow[-108\,°C]{n\text{-}BuLi} Cl_3C-Li \xrightarrow[H^+]{CO_2^*} Cl_3C-COOH$$

benötigte n-Butyllithium erhält man durch Umsetzen von Lithium mit Butylchlorid in n-Hexan als Lösungsmittel [4].

Experimentelles

Zur Darstellung des Trichlormethyllithiums werden in einen 250-ml-Dreihalskolben mit Thermometer, Rührer und Tropftrichter unter Stickstoffatmosphäre 2,4 g (20 mMol) Chloroform, 32 ml Tetrahydrofuran, 8 ml Ether und 8 ml Petrolether (40 °C) gegeben. Die Lösungsmittel sind vorher sorgfältig zu trocknen. Nach Abkühlen auf -108 °C $\pm$ 2 °C gibt man zu diesem Gemisch innerhalb von 15 Minuten 20,2 mMol n-Butyllithium (in Hexan gelöst) und rührt weitere 20 Minuten bei gleicher Temperatur. Die metallorganische Verbindung liegt als weiße Suspension vor. Der Tropftrichter wird gegen eine Gasentwicklungsapparatur ausgetauscht. Die gesamte Apparatur evakuiert man auf 12 Torr und zersetzt 1,96 g (10 mMol) ^{14}C-Bariumcarbonat (spezif. Radioaktivität 63 MBq/mMol = 1,7 mCi/mM) durch Zutropfen von 10 ml 10%iger Salzsäure. Das entstandene Kohlendioxid reagiert sofort mit dem Trichlormethyllithium zum Lithiumsalz der Trichloressigsäure. Nach beendigter Gasentwicklung wird mit Stickstoff gespült bis zum Normaldruck, um möglichst das gesamte Kohlendioxid zur Reaktion zu bringen. Anschließend erwärmt man auf -90 °C und säuert mit HCl an (*p*H 2,0). Es muß darauf geachtet werden, daß sich die metallorganische Verbindung auch nicht örtlich erhitzt, da sie sich sehr leicht zersetzt. Zur Reinigung wird nach Entfernen der Lösungsmittel am Rotationsverdampfer der Rückstand in Methanol aufgenommen (20 ml) und mit $NaHCO_3$ die Trichloressigsäure zum entsprechenden Natriumsalz umgesetzt. Das so gewonnene Produkt kristallisiert man aus Ether/Petrolether (3:1) um.
Ausbeute: 1,2 g (64,8% bezogen auf $Ba^{14}CO_3$)
spezif. Radioaktivität: 63 MBq/mMol = 1,7 mCi/mMol.

Durch Dünnschichtchromatographie und Scannographie konnte gezeigt werden, daß es sich um ein einheitliches Produkt handelt.

Eingegangen am 30. 9. 1981

*) 47. Mitt. vgl. [1]

[1]) Anschrift: 4010 Halle (Saale), Weinbergweg

Literatur

[1] *A. Kolbe, M. Becker, A. Unverricht, H. R. Schütte*, Isotopenpraxis **17** (1981) 344
[2] *G. Judson*, Ber. dtsch. chem. Gesellsch. **3** (1870) 782
[3] *G. Köbrich, K. Flory, R. H. Fischer*, Chem. Ber. **99** (1966) 1793
[4] *H. Gilman, J. A. Beel, C. G. Brannen, M. W. Bullock, G. E. Dunn, L. S. Miller*, J. Amer. chem. Soc. **71** (1949) 1499

Synthese von ^{14}C markiertem Lithium-*t*-Butylat über Aceton-1,3-^{14}C

D. Lehmann, G. Wunderlich, S. Riedel, R. Dreyer

(TU Dresden, Sektion Chemie)[1])

Keywords

carbon 14 compounds; labelled compounds; lithium compounds; synthesis

Li-Alkoholate können bei der anionischen Polymerisation von Acrylverbindungen, wie z.B. Acrylnitril als Initiatoren eingesetzt werden [1]. Zur Untersuchung des Initiierungsmechanismus wird u. a. der Grad des Einbaus von Initiatorfragmenten in die Polymeren unter Anwendung markierter Verbindungen bestimmt. Dabei konnte bei der Polymerisation von Acrylnitril in DMF gezeigt werden, daß der Grad des Einbaus in das Polyacrylnitril stark von der Struktur des Alkoholates abhängt [2]. Die Darstellung der ^{14}C markierten Li-Alkoholate erfolgt durch Umsetzung der Alkohole mit Li-Metall; *t*-Butanol-^{14}C stellten wir dabei aus Aceton-1,3-^{14}C über eine *Grignard*-Reaktion durch Umsetzung mit Methyl-MgJ in folgender Weise her:

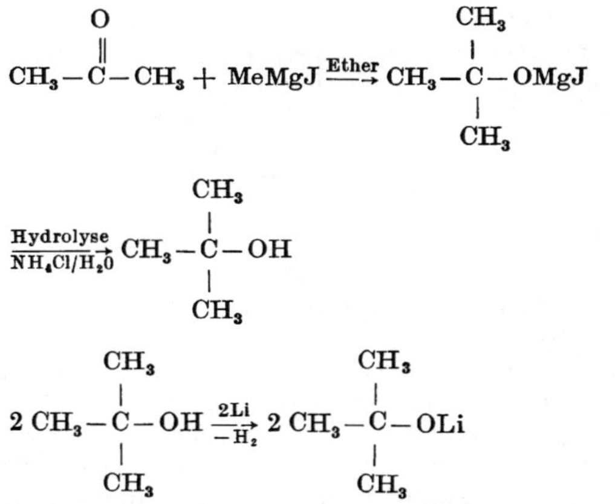

Die experimentelle Ausführung ist in Abb. 1 schematisch zusammengefaßt.

Zur Reinigung des *t*-Butanols vor der Umsetzung zum Lithium-*t*-Butylat benutzten wir die präparative Gaschromatographie unter folgenden Trennbedingungen:

Trennflüssigkeit/Trägermaterial:	Poropak Q
Säulendimension:	2 m × 6 mm
Arbeitstemperatur:	160 °C isotherm
Trägergasstrom:	ca. 1 l/h
Detektor:	Flammenionisationsdetektor (FID)
(Hochtemperatur-Gaschromatograph 18.3;	VEB Chromatron)

Da zur Untersuchung der anionischen Polymerisation von AN hochreine Initiatoren benötigt werden, erfolgte die präparativ-gaschromatographische Reinigung des *t*-Butanols mit dem Ziel der Erreichung einer hohen Reinheit. Dabei mußte eine Verringerung der Ausbeute in Kauf genommen werden.

Aceton-^{14}C 230 MBq + 25 mmol Aceton (P_4O_{10} getrocknet)
→ Zugabe durch Umfrieren in einer Hochvakuumapparatur

20 ml Ether (Na/K-getrocknet) → Zuspritzen

40–50 mmol MeMgJ (*Grignard*-Reagenz [4]) → Zuspritzen, Kühlg. −20 °C

↓ Reaktionszeit 30 min bei Raumtemperatur, unter Intensivrückflußkühlung 2 h kochen

5 ml gesätt. NH_4Cl-Lösung → Zuspritzen, Kühlg. −78 °C

halbkonz. NH_4Cl-Lösung → Zuspritzen bei Raumtemperatur bis sich weißer Niederschlag löst

↓ ausethern, Etherlösung mit wenig Na_2SO_4 trocknen

↓ Im Hochvakuum umfrieren (Vorreinigung)

5–10 ml MeOH (p. A.) → Zuspritzen

↓ Etherlösung mit Hilfe einer 10–20 cm langen *Vigreux*-Kolonne einengen

↓ präparativ-gaschromatographische Reinigung (Daten s. Text)

30–40 ml Ether oder n-Hexan (Na/K-getrocknet) →

↓ 4 h unter Rückflußkühlung mit Li-Schnitzeln im Überschuß erhitzen

↓ Unter Schutzgas abfritten, Lösungsmittel abfrieren, Rückstand trocknen, Luftbad-Sublimation bei 10^{-1}–10^{-2} Pa

Lösungsmittel (getrocknet) z.B. DMF, Ether, n-Hexan →

↓ Li-*t*-Butylat-Lösung (Ausbeute ca. 20%)

Abb. 1. Reaktionsvorschrift

[1]) Anschrift: 8027 Dresden, Mommsenstr. 13

Nach der Umsetzung zum Lithium-*t*-Butylat konnte die Ausbeute durch Titration mit N/100 HCl gegen Phenolphthalein in H_2O bestimmt werden. Sie betrug 20% bezogen auf Aceton-^{14}C. Die radiochemische Reinheit wurde nach der Hydrolyse durch Isotopenverdünnungsanalyse des *t*-Butanols über Esterbildung [3] mit $\geqq$ 99,5% bestimmt. Ohne präparative gaschromatographische Reinigung des *t*-Butanols vor der Umsetzung mit Lithium wurde eine radiochemische Reinheit von ca. 60% gefunden. Das zeigt, daß die Reinigung des Lithium-*t*-Butylat durch Sublimation allein zur Abtrennung von Nebenprodukten nicht ausreicht. Für die Aktivitätsmessung wurde ein Flüssigkeitsszintillationsmeßgerät der Firma LKB eingesetzt. Eine direkte Umsetzung von Aceton-1,3-^{14}C mit Methyllithium erwies sich als ungeeignet, da zahlreiche Nebenprodukte auftraten und nur eine geringe Ausbeute an *t*-Butanol erreicht wurde.

Eingegangen am 14. 10. 1981

Literatur

[1] *B. L. Erussalimsky, A. V. Novosselova,* Faserforschung und Textiltechnik Zeitschr. Polymerforsch. **26** (1975) 293

[2] *S. Riedel, D. Lehmann, G. Wunderlich, H.-J. Adler, R. Dreyer, W. Berger,* Acta Polymerica **32** (1981) 227

[3] *S. Riedel, R. Dreyer, S. Lück, D. Lehmann, G. Wunderlich,* Isotopenpraxis **18** (1982) 262

Bestimmung des Restinitiatorgehaltes nach der anionischen Lösungspolymerisation von Acrylnitril mit Hilfe der Isotopenverdünnungsanalyse

S. Riedel, R. Dreyer, S. Lück, D. Lehmann, G. Wunderlich

(TU Dresden, Sektion Chemie)[1])

Keywords

acrylonitrile; carbon 14 compounds; isotope dilution; polymerization

Bei der anionischen Lösungspolymerisation von Acrylnitril in N,N-Dimethylformamid (DMF) mit Lithiumalkoholaten als Initiatoren wird nur ein geringer Teil der eingesetzten Initiatormenge im Sinne eines Kettenstarts wirksam [1—3]. Dabei war bisher nicht mit Sicherheit bekannt, ob dies auf das Auftreten von Nebenreaktionen oder auf eine unvollständige Reaktion des Initiators zurückzuführen ist. Darüberhinaus konnten wir durch Einsatz ^{14}C-markierter Alkoholate feststellen, daß der nach der Aufarbeitung des Polymerisationsansatzes im Polymeren nachweisbare Anteil der Alkoholatreste stark von den Versuchsbedingungen und insbesondere von der Natur des Alkylrestes abhängt. Bei der Verwendung von Li-*t*-Butylat als Initiator sind praktisch keine *t*-Butylreste im Polymeren vorhanden [4].

Als Beitrag zur weiteren Klärung des Initiierungsmechanismus im genannten Polymerisationssystem wurde durch Isotopenverdünnungsanalyse der nach der Hydrolyse des Polymerisationsansatzes vorliegende Alkohol bestimmt. Dieser kann aus unverbrauchtem Initiator sowie eventuell aus leicht hydrolysierbaren Endgruppen des Polymeren stammen, während in niedermolekularen Reaktionsprodukten, Oligomeren oder in Polymeren fest gebundene Alkoxygruppen nicht in Form des Alkohols erfaßt werden. Darüberhinaus eignet sich die ausgearbeitete Methode sehr gut zur Bestimmung der radiochemischen Reinheit der eingesetzten Initiatoren.

Die Arbeitsvorschrift für die Esterdarstellung ist für *t*-Butanol, *i*-Propanol und *n*-Propanol mit nur geringen Modifikationen gleichermaßen geeignet.

^{14}C markiertes *n*-Propanol und *i*-Propanol (spez. Aktivität 450 MBq/mmol) wurden vom ZfK Rossendorf bezogen und soweit erforderlich nochmals durch präparative Gaschromatographie gereinigt. ^{14}C-markiertes Li-*t*-Butylat konnte über 1,3-^{14}C-Aceton synthetisiert werden und entsprach nach gaschromatographischer Reinigung den Anforderungen an die anionische Polymerisation [5]. Die Polymerisationsreaktionen wurden unter einer Reinststickstoffatmosphäre bei folgenden Bedingungen durchgeführt:

Ansatz	=	15—20 ml
C_{AN}	=	1 mol/l
$C_{RO\text{-}Li}$	=	0,002 mol/l
Lösungsm.	=	DMF

Nach Abbruch der Polymerisationsreaktionen durch Zusatz eines DMF-Wasser-Gemisches wurden Aliquote entnommen und die Alkohole in Form ihrer 3,5-Dinitrobenzoesäureester mittels Isotopenverdünnungsanalyse bestimmt. Die Reinheitsprüfung der ^{14}C-markierten ROLi-Initiatoren erfolgte nach Hydrolyse der Initiatoren in gleicher Weise.

Zur Darstellung der 3,5-Dinitrobenzoesäureester des *t*-Butanols, *i*-Propanols und *n*-Propanols benutzten wir in Anlehnung an eine Arbeit von *Reichstein* [6] folgende Verfahrensweise:

Zu ca. 1 g der Probenlösung (Polymerisationslösung, Initiatorlösung) werden 1,5 g des jeweiligen Alkohols, gelöst in einigen ml Benzol-Pyridin (1:1) und anschließend eine überstöchiometrische Menge 3,5-Dinitrobenzoylchlorid zugegeben. Das Reaktionsgemisch wird unter Rückflußkühlung ($CaCl_2$-Aufsatz) bei *t*-Butanol 100 min, bei *i*-Propanol und *n*-Propanol 30 min auf 80—85 °C erhitzt. Ein Teil des 3,5-Dinitrobenzoylchlorides bleibt dabei ungelöst. Nach Ablauf der Reaktionszeit werden 20 ml Äther zugefügt, das 3,5-Dinitobenzoesäureanhydrid abfiltriert und die klare, gelb gefärbte Lösung mit verdünnter Salzsäure und verdünnter Natronlauge zur Entfernung des Pyridins und des überschüssigen 3,5-Dinitrobenzoylchlorids jeweils bis zum Verschwinden der Gelbfärbung ausgeschüttelt. Schließlich wird mit Wasser gewaschen und der Äther abgedunstet. Die Ester werden bis zum Erreichen einer konstanten spezifischen Aktivität umkristallisiert (*t*-Butylester aus Ligroin, *n*-Propyl- und *i*-Propylester aus *n*-Heptan bzw. *n*-Hexan) und nach Trocknen bei 40 °C im Vakuum der Messung zugeführt. Die Ausbeuten betragen für:

t-Butylester (Fp 142 °C) 45%
i-Propylester (Fp 122 °C) 70%
n-Propylester (Fp 73 °C) 70%

Die Gesamtaktivität der hydrolysierten Initiatorlösungen und Polymerlösungen sowie die spezifischen Aktivitäten

[1]) Anschrift: 8027 Dresden, Mommsenstr. 13

der Ester wurden in einer Flüssigszinttillationsmeßanordnung (LKB Rackbeta 1215) ermittelt. Als Szintillations-Cocktail diente eine Lösung von 3 g PPO und 0,5 g Dimethyl-POPOP in 1 l Toluol. Die zu messenden Proben wurden in 2 ml DMF gelöst und anschließend mit 11 ml Cocktail versetzt. Stabile Lösungen und Quenchkurven wurden erhalten, wenn in den Meßproben nicht mehr als 2 mg an Polymeren bzw. 50 mg an 3,5-Dinitrobenzoesäureester enthalten waren. Bei höheren Konzentrationen werden die Messungen durch ausfallendes Polymeres bzw. durch zu starke Farbquenchung gestört.

Ergebnisse

Wie Tab. 1 zeigt, liegt bei den mit Li-*t*-Butylat gestarteten Polymerisationen praktisch der gesamte Initiator in Form des Alkohols vor. In Übereinstimmung mit den Untersuchungen von *Erussalinsky* und Mitarbeitern [1–3] wird bestätigt, daß im vorliegenden System der Initiator nicht zur Bildung niedermolekularer Produkte verbraucht wird. Da jedoch, wie von uns bereits mitgeteilt [4], auch praktisch kein gegen Hydrolyse stabiler Einbau der *t*-Butylatgruppe in das Polymere erfolgt, muß auf einen komplexen Initiierungsmechanismus unter Beteiligung des Lösungsmittels DMF oder des Monomeren geschlossen werden.

Tab. 1. Durch IVA bestimmter Gehalt an *t*-Butanol nach der Polymerisation von AN in DMF mittels Li-*t*-Butylat

Polymerisationstemperatur in °C	Alkoholmenge bezogen auf eingesetzten Initiator in %
20	97,8
	98,3
0	98,9
	100,7
	99,9
	99,4
–40	98,3
	98,9

Bei den mit Li-*i*-Propylat durchgeführten Polymerisationen von AN in DMF wurden, wie in Tab. 2 angegeben, nach der Hydrolyse deutlich niedrigere Anteile des Initiators in Form des Alkohols gefunden. Dies steht mit einem merklichen Einbau der *i*-Propylatgruppe in das Polymere im Einklang [4]. Einbau in das Polymere und Hydrolyse zu *i*-Propanol ergänzen sich dabei zu nahezu 100%, so daß auch in diesem System die Bildung stabiler niedermolekularer Produkte durch den Initiator praktisch ausgeschlossen werden kann. Mit sinkender Temperatur steigt der Einbau der *i*-Propylatgruppe in das Polymere an. In Übereinstimmung damit nimmt die Menge an *i*-Propanol ab.

Bei Verwendung von Li-*n*-Propylat für die Polymerisation von AN in DMF unter den gleichen Reaktionsbedingungen wie für die mit Li-*t*-Butylat und Li-*i*-Propylat initiierte Polymerisation wurden die in Tab. 3 aufgeführten Resultate erhalten. Die Werte für den Einbau der *n*-Propylatgruppe und die nach der Hydrolyse bestimmte Alkoholmenge ergänzen sich gut zu 100%. Die vergleichsweise geringere radiochemische Reinheit des Initiators (Tab. 4) wurde berücksichtigt. Die Ergebnisse lassen auch hier auf Abwesenheit stabiler niedermolekularer Reaktionsprodukte mit dem Initiator schließen. Die beim Li-*i*-Propylat beobachtete Temperaturabhängigkeit konnte auch hier festgestellt werden.

Tab. 2. Durch IVA bestimmter Gehalt an *i*-Propanol nach der Polymerisation von AN in DMF mittels Li-*i*-Propylat. Der Einbau in das Polymere wurde nach dessen gelchromatographischer Abtrennung bestimmt [4].

Polymerisationstemperatur in °C	Alkoholmenge bezogen auf eingesetzten Initiator in %	Einbau in das Polymere in %
20	93,3	6,4
0	93,0	5,6
–20	90,3	8,9
–60	86,7	11,3

Tab. 3. Durch IVA bestimmter Gehalt an *n*-Propanol nach der Polymerisation von AN in DMF mittels Li-*n*-Propylat. Bestimmung des Einbaus in das Polymere wie für Li-*i*-Propylat angegeben

Polymerisationstemperatur in °C	Alkoholmenge bezogen auf eingesetzten Initiator in %	Einbau in das Polymere in %
20	73	24,3
0	72	25,6
–20	69	28,3
–40	62	36,2

Tab. 4. Untersuchung der radiochemischen Reinheit von ^{14}C markierten ROLi-Initiatoren durch IVA

Initiator	Radiochemische Reinheit in % ohne Gaschromatographie	mit Gaschromatographie
Li-*t*-Butylat	60–68	≧ 99,5
Li-*i*-Propylat	86–87	≧ 98
Li-*n*-Propylat	93–95	

Die Anwendung der IVA zur Bestimmung der radiochemischen Reinheit von markierten ROLi-Initiatoren zeigte, daß die Vakuumsublimation der Alkoholate nach deren Herstellung aus Lithium und den entsprechenden Alkoholen nur eine unbefriedigende radiochemische Reinheit ergibt. Offenbar gehen dabei radioaktive Verunreinigungen der Alkohole mit in das Sublimat über. Erst eine zusätzliche Reinigung der Alkohole mittels präparativer Gaschromatographie vor der Umsetzung mit Lithium liefert Präparate ausreichender radiochemischer Reinheit (Tab. 4).

Eingegangen am 14. 10. 1981

Literatur

[1] *B. L. Erussalimsky, A. V. Novosselora*, Faserforschung und Textiltechnik/Z. Polymerforsch. **26** (1975) 293
[2] *B. L. Erussalimsky* u. a., European Polymer Journal **6** (1970) 1391
[3] *B. L. Erussalimsky*, Ionische Polymerisation von polaren Monomeren (*russ.*). Leningrad: Izd. Nauka 1970
[4] *S. Riedel, D. Lehmann, G. Wunderlich, H.-J. Adler, R. Dreyer, W. Berger*, Acta Polymerica **32** (1981) 227
[5] *D. Lehmann, G. Wunderlich, S. Riedel, R. Dreyer*, Isotopenpraxis **18** (1982) 261
[6] *T. Reichstein*, Helv. chim. Acta **3** (1926) 799

Jubiläen

25 Jahre Isotopenanwendung in der ungarischen Aluminium-Industrie

In der Zeitschrift Journal of Radioanalitical Chemistry[1]) geben unter dem Titel „Silver Jubilee of the Application of Nuclear Methods in the Hungarian Aluminium Industry“ zwei der namhaftesten ungarischen Fachleute[2]) auf dem Gebiet der Anwendung von Radioisotopen in der Aluminium-Industrie einen umfassenden Überblick über die von den Anfängen der Isotopenanwendung in diesem bedeutenden Industriezweig der UVR bis jetzt in Labor und Praxis angewandten nuklearen Methoden und Geräte.

Die Anwendung dieser Methoden und Geräte begann in der ungarischen Aluminium-Industrie im Jahr 1956 mit dem Einsatz von Radiotracern zur Bestimmung der Aluminiummenge in Aluminium-Schmelzöfen. Weitere Traceranwendungen in der Praxis auf dem Gebiet der Metallgewinnung dienten der Bestimmung des Erstarrungsprofils beim Aluminiumguß.

Weit umfangreichere Untersuchungen mit Radiotracern in Betriebsanlagen wurden bei der Tonerdeherstellung zur Klärung und Optimierung von Strömungs- und Mischvorgängen in Aufschluß-, Entkieselungs-, Homogenisierungs- und Ausrührkolonnen sowie des Absetzprozesses in Eindickern durchgeführt.

Die etwas später als in der Industrie begonnene Anwendung von Radiotracern im Labormaßstab diente vor allem der Klärung von Prozeßabläufen mit dem Ziel der Weiterentwicklung bestehender Technologien der Tonerdegewinnung. Arbeiten dieser Art wurden zur Ermittlung der Verunreinigungsquellen der Aluminatlauge, zur Reduzierung der Na_2O-Verluste und über das Verhalten des Galliums während des Ausrührprozesses durchgeführt.

Im Bereich der Metallgewinnung und -verarbeitung waren einige Laborarbeiten unter Verwendung von Radiotracern auf die Untersuchung der Reinigung des Aluminiums durch Zonenschmelzen und dessen Oberflächenumwandlung bei verschiedenen chemischen Behandlungen gerichtet.

Die Einführung der nuklearen Meß- und Regeltechnik in die ungarische Aluminium-Industrie wurde mit der Inbetriebnahme der ersten radiometrischen Dickenmesser in einem Leichtmetallwerk im Jahr 1960 eingeleitet. In der folgenden Übersicht sind alle in diesem Industriezweig in Betrieb befindlichen radiometrischen Betriebsmeß- und kontrolleinrichtungen zusammengestellt.

[1]) Vol. 68, Nr. 1–2, 1982

[2]) E. Bujdosó, L. Tóth

Zeitraum der Einführung	Zahl der Einrichtungen	Geräteart
1960	12	Dickenmeßgerät
1962–1980	100	Gamma-Relais
1962–1981	33	Dichtemeßgerät
1968–1981	101	Niveaumeßgerät
1972–1981	12	Bandwaage
1977–1980	4	Verkrustungsmeßgerät

In diesen Angaben nicht enthalten sind die in den letzten Jahren eingeführten 10 automatischen Bauxitanalysatoren zur schnellen aktivierungsanalytischen Bestimmung der Al_2O_3-und SiO_2-Gehalte vor allem in Bauxit.

Bedeutung erlangte schließlich ein nukleares Laborgerät zur Messung der Sedimentation von Rotschlamm.

Sehr viele Arbeiten wurden auf dem Gebiet der nuklearen Analyse, begonnen bei der Reaktor-Aktivierungsanalyse über die Aktivierungsanalyse mit 14-MeV-Neutronen und Isotopenneutronenquellen bis zur isotopenangeregten Röntgenfluoreszenzanalyse durchgeführt. Bestimmt wurden 42 Elemente des Periodensystems in Bauxit, Zwischenprodukten der Tonerdegewinnung, Tonerde, Aluminium und Aluminiumlegierungen im Konzentrationsbereich von Spuren bis zu Hauptbestandteilen. Eingang in die unmittelbare Betriebskontrolle fanden die bereits erwähnte schnelle Al_2O_3- und SiO_2-Bestimmung mit Hilfe von Isotopenneutronenquellen vor allem in Bauxit und die schnelle Ca-Bestimmung in Bauxit mittels isotopenangeregter Röntgenfluoreszenzanalyse.

Ein bedeutender Teil der genannten Untersuchungen in Labor und Praxis sowie der nuklearanalytischen Arbeiten wurde von dem im Jahre 1958 im Forschungsinstitut für Nichteisenmetalle in Budapest eröffneten Isotopenlaboratorium durchgeführt.

Die Ergebnisse der verschiedenen Untersuchungen und des Einsatzes der nuklearen Meßgeräte haben auf mannigfache Art und Weise an der Modernisierung der ungarischen Aluminium-Industrie beigetragen. Es wird festgestellt, daß das Niveau eines Industriezweiges auch an Hand der sowohl in Forschung und Entwicklung als auch in der Produktion angewendeten neuzeitlichen modernen Methoden und Prozesse, zu denen ohne Zweifel die nuklearen zählen, eingeschätzt werden kann.

J. Holzhey

Eingegangen am 6. 1. 1982

Tagungsberichte

6. Kolloquium „Technische Anwendung radioaktiver Isotope im Berg- und Hüttenwesen" am 24. 11. und 25. 11. 1981 in Freiberg

Veranstalter des Kolloquiums waren das Forschungsinstitut für NE-Metalle Freiberg, der VEB Bergbau- und Hüttenkombinat „Albert Funk" Freiberg und die Sektion Metallurgie und Werkstofftechnik der Bergakademie Freiberg. Hauptanliegen dieser Veranstaltung war — wie das der vorangegangenen — die Information der Praktiker des Industriezweiges über neuere und effektivere isotopentechnische Verfahren und Methoden.

Die Vortragsfolge wurde mit einem Übersichtsbeitrag von *J. Hons*, Forschungsinstitut des Eisenhüttenwesens Dobra, ČSSR: „Ergebnisse und Erfahrungen bei der Anwendung von Radioisotopen in der Metallurgie der CSSR" eröffnet. Umfangreiche Erfahrungen liegen dort bei der Herstellung und Anwendung von Dicken- und Feuchtemeßgeräten vor. 1970 wurde die Herstellung dieser Geräte in der ČSSR eingestellt und auf den Einsatz vor allem aus der SU importierter Meßanlagen übergegangen. Mit Hilfe offener Radioisotope und inaktiver Tracer wurden und werden zahlreiche Arbeiten zur Klärung der Herkunft von Strahlverunreinigungen durchgeführt.

In seinem Beitrag „Prozeßanalyse an Industrieanlagen mit radioaktiven Isotopen" informierte *J. Leonhardt*, Zentralinstitut für Isotopen- und Strahlenforschung Leipzig, über Möglichkeiten der Erfassung komplexer Betriebsabläufe, insbesondere von Materialströmen an Beispielen aus der Braunkohle- und Chemieindustrie. Mit großem Interesse wurden Darlegungen über die Tendenzen der Isotopenanwendung u. a. auch auf dem Gebiet der Energiewirtschaft aufgenommen.

Der sich anschließende Vortragskomplex war der Entwicklung und dem Einsatz kerntechnischer Geräte gewidmet.

In zwei Vorträgen über die radiometrische Dickenmessung berichteten *K. Hofmann*, VEB Walzwerk Hettstedt, über Erfahrungen bei der radiometrischen Dickenmessung von Stahlgrobblech bis 100 mm Dicke mit einer Meßeinrichtung, die in Kooperation zwischen dem Anwender und dem VEB Robotron-Meßelektronik entwickelt und gebaut wurde, und *W. Dietzsch* und *K.-H. Reinhardt*, VEB Robotron—Meßelektronik Dresden, über Anwendungserfahrungen mit dem FMM 24024 mit Mikrorechner. Diese Gerätevariante bietet für viele Einsatzfälle zahlreiche Vorteile. Zum Beispiel kann das Gerät für eine große Zahl von Meßgut-Strahler-Kombinationen kalibriert und die jeweilige Meßaufgabe lediglich durch Betätigen eines Wahlschalters eingestellt werden. Zwei weitere Vorträge waren der Anwendung von Gamma-Relais gewidmet. *G. Ruder*, VEB Robotron—Meßelektronik Dresden, stellte die Füllstandsmeßeinrichtung 24016 vor, die die kontinuierliche Messung des Füllstandes in Behältern bis max. 40 m Höhe gestattet. Die Einrichtung arbeitet nach dem Prinzip der Strahlenstreuung im Füllgut. *H.-J. Steinfeld* und *W. Lehrich*, VEB Mansfeld-Kobinat Eisleben, berichteten über die radiometrische Niveaumessung an NE-Metallschmelzen. Sie gaben nach Überprüfung der unterschiedlichen Verfahren zur Lösung dieser Aufgabe der radiometrischen Methode den Vorzug und demonstrierten deren Anwendung an der Niveaumessung an einem Aluminiumgießtiegel und an einem Kupferaufnahmebad einer Drahtgießwalzanlage. Eine vielbeachtete Lösung zur kontinuierlichen Staubmengenmessung in strömenden metallurgischen Abgasen auf radiometrischer Basis bot *J. Stamenov*, Plovdiv, VRB, an. Der Hauptvorteil des vorgestellten und seit längerer Zeit in einer Kupferhütte Bulgariens im Einsatz befindlichen Verfahrens besteht darin, daß unmittelbar in der jeweiligen Abgasleitung gemessen wird. Der Vortrag von *D. Steuer*, Brennstoffinstitut Freiberg, über den Aufbau und die Anwendung einer radiometrischen Bandwaage zeigte die Leistungsfähigkeit dieses Prinzips und die Vorteile gegenüber anderen Systemen besonders unter den rauhen Bedingungen des Bergbaus, der Kohleverarbeitung und der Hütteindustrie. Die vom Brennstoffinstitut Freiberg in Verbindung mit dem Forschungszentrum für Mechanisierung der Landwirtschaft Bornim entwickelte und gebaute Bandwaage gewährleistet infolge des angewandten Baukasenprinzips eine Anpassung an beliebige Bandbreiten. Für Flächenbelegungen von 0 bis ca. 85 g/cm^2 besitzt die Waage eine konstante Meßempfindlichkeit. Am Beispiel der kontinuierlichen Zinngehaltsbestimmung bei der Zinnerzaufbereitung mittels isotopenangeregter Röntgenfluoreszenzanalyse zeigten *G. Krüger* und *J. Schwarzlose*, Forschungsinstitut für NE-Metalle Freiberg, eine elegante und für die moderne Erzaufbereitung und Metallurgie interessante und ausbaufähige Analysentechnik. Im dargelegten Beispiel werden Zinngehalte zwischen 0,05 und 0,40% im Feststoff mit einer Standardabweichung von 10 ... 15% kontinuierlich im Haupttrübestrom bestimmt.

Ein weiterer Übersichtsbeitrag zur Anwendung von Halbleiterdetektoren in der Technik von *M. Schieckel*, Technische Universität Dresden, leitete den zweiten Tag des Kolloqims ein. Der Vortragende ging von den gegenwärtig drei Hauptanwendungsgebieten für den Einsatz von Halbleiterdetektoren aus und traf verallgemeinerte Aussagen über mögliche Anwendung von mit Halbleiterdetektoren betriebenen Spektrometern vor allem für Aufgabenstellungen in Geologie und Metallurgie.

Im Vortrag von *L. Bakos* und *B. Vorsatz*, Zentralforschungsinstitut für Physik Budapest und Technische Universität Miskolc, über neuere Ergebnisse in der metallurgischen Analyse durch Aktivierung mit 14 MeV-Neutronen wurden Möglichkeiten der Rationalisierung dieses Verfahrens durch Anwendung eines kleinen, programmierbaren Rechners und ihr Einsatz zur Cer- und Phosphorbestimmung in Metallen bzw. Legierungen dargelegt. Der Vortragskomplex über kerntechnische Geräte fand mit dem Vortrag „Radiometrische on-line-Analyse von Gasgemischen" von *H.-J. Große*, Zentralinstitut für Isotopen- und Strahlenforschung Leipzig, seinen Abschluß. Der Vortragende umriß die allgemeinen Grundlagen insbesondere der Ionisationsgasanalyse, beschrieb die verschiedenen Detektionsprinzipien und berichtete über eigene für den Bergbau und die Metallurgie sehr interessante Erfahrungen bei der Lösung unterschiedlicher Meßaufgaben im Umweltschutz, zur Prozeßkontrolle, zur Anlagenoptimierung und in der Sicherheitstechnik.

Im zweiten Vortragskomplex wurden Untersuchungen mit Radiotracern behandelt. *Z. Bazaniak* und *J. Michalik*, Institut für Kernforschung Warschau, sprachen über die Anwendung der Tracermethode zur Klärung des Trennprozesses von Kupferstein und Schlacke im Vorherd des Kupferschachtofens. Die Untersuchungsergebnisse führten zu konstruktiven Änderungen am Vorherd und damit einer Reduzierung des Cu-Gehaltes in der Schlacke um 20%. Über Untersuchungen mit Radiotracern zur Erfassung des Strömungs- und Verteilungsverhaltens der Einsatzstoffe in Mahl- und Flotationseinrichtungen berichtete *H.-J. Stechemesser*, Forschungsinstitut für Aufbereitung Freiberg. *W. Dehnke* und *W. Ludwig* trugen über kombinierte autoradiographisch-gammaspektrometrische Untersuchungen an AlSi 1-Mikrodraht vor. Sie verwiesen mit ihrer Arbeit auf den vorteilhaften Einsatz dieser Untersuchungskombination bei der Lösung von Qualitätsfragen hochreiner oder speziell dotierter Werkstoffe insbesondere für die Mikroelektronik.

Die relativ geringe Zahl an Beiträgen auf dem Gebiet der Radiotraceranwendung im Gegensatz zu 9 über kerntechnische Geräte darf nicht zu dem Schluß führen, daß der Einsatz von Radiotracern zur Klärung metallurgischer Prozesse und Vorgänge an Bedeutung verloren hat. Zum Beispiel ist der Schwerpunkt der Arbeiten mit Radioisotopen in der Metallurgie der ČSSR (vergleiche *J. Hons*) der Tracereinsatz. Auch der zweite Übersichtsvortrag bezog sich ausschließlich auf die Anwendung von Radiotracern in der Industrie. Es ist nach wie vor so, daß zahlreiche metallurgische Prozesse und Vorgänge nur mit Hilfe von Radiotracern verfolgt und erfaßt werden können bzw. weitaus effektiver und präziser erforschbar sind als mittels anderer Methoden.

J. Holzhey

Eingegangen am 20. 1. 1982

Die „International Conference on Industrial Application of Radioisotopes and Radiation Technology" der IAEA, Grenoble, 28. 9.—2. 10. 1981

Die Konferenz besuchten rund 300 Teilnehmer aus 42 Ländern. In 7 Sektionen wurden 18 Plenarvorträge gehalten und 85 Postervorträge vorgestellt:

(I)	Anwendung der Kerntechnik in der Förderung, Verarbeitung und Reproduktion von Rohstoffen wie Kohle, Öl, Gas, Kernbrennstoffe, Zellulose	8*)
(II)	Strahlentechnik in der Industrie	18
(III)	Kerntechnik im Umweltschutz	4
(IV)	Strahlentechnik im Bioengineering	3
(V)	Anwendung der Kerntechnik in der industriellen Prozeß- und Qualitätskontrolle	35
(VI)	Bestrahlungsanlagen, kerntechnische Geräte	12
(VII)	Technologietransfer in Entwicklungsländer	8

Paneldiskussionen wurden zu den Themen „Fortschritte der Strahlentechnik in der Industrie", „Fortschritte bei kerntechnischen Geräten", „Fortschritte bei Bestrahlungsanlagen", „Ökonomische Ergebnisse der Radionuklid- und Strahlentechnik" und ein Rundtischgespräch zum Problem „Einführung der Radionuklid- und Strahlentechnik in Entwicklungsländern" durchgeführt. Gemessen an der Zahl der Konferenzbeiträge sind Frankreich, BRD, Japan, VR Polen, Ungarn, USA, DDR, ČSSR, Kanada, UdSSR und Großbritannien auf dem Gebiet der Isotopen- und Strahlentechnik besonders aktiv. Da in den Postervorträgen ausschließlich Originalarbeiten vorgestellt wurden, zeigt die Aufschlüsselung der Poster auf die 7 Sektionen, daß noch immer die Anwendung radiometrischer Gerätesysteme in der industriellen Prozeßsteuerung die wichtigste Linie der Radionuklidanwendung ist.

Aus den Konferenzbeiträgen wurden folgende allgemeine, qualitative Entwicklungstrends sichtbar:

1. Die Anwendung der Radionuklidtechnik zur Prozeß- und Qualitätskontrolle in der Industrie ist das wichtigste Anwendungsfeld. Die Zuwachsraten sind nach wie vor hoch, eine Sättigung ist nicht absehbar. Mittlere Aufwands- zu Nutzensverhältnisse liegen dabei bei 1:3 bis 1:20. Durch Verbesserung der Meßgenauigkeiten, durch Kombination von γ- und Neutronenverfahren, durch die Verfügbarkeit von Mikroprozessoren und neuer Materialien wird es möglich, Radionuklidtechniken unter zunehmend komplizierteren Bedingungen wie Temperatur, aggressive Medien, hohe Drücke und andere anzuwenden. In Tab. 1 sind die 1980 in Japan in der Industrie eingesetzten Meßsysteme zur Illustration der Verteilung auf verschiedene Meßprobleme nach *Sumi* aufgeführt.

Tab. 1.

Meßproblem	Zahl
Dickemeßeinrichtungen	1535
Füllstandsmessung	1394
Gaschromatographie	952
Dichtemeßeinrichtungen	517
Schwefelbestimmung	449
Feuchtemeßeinrichtung	277

2. Die Anwendung von Bestrahlungstechnologien, speziell mit Elektronenbeschleunigern, hat auf dem Gebiet der Modifizierung von Plastwerkstoffen, vor allem von Polyäthylen, einen weltweiten Durchbruch erzielt: gegenwärtig werden nach *Charlesby* für ca. 10^9 Dollar jährlich strahlenvernetzte Produkte erzeugt. Eine rasche Entwicklung nimmt das Gebiet der Oberflächenbehandlung (Grafting, Curing) mittels Elektronenbeschleuniger. Durch die Entwicklung geeigneter Elektronenbeschleuniger im Energiebereich von 150 keV – 500 keV bei hoher Verfügbarkeit, Leistung und Wirkungsgraden über 50% stehen Elektronenprozessoren zur Verfügung, die folgende Vorteile aufweisen (*Nablo*):

- effektiverer Einsatz von Energie im Vergleich zu konventionellen Verfahren
- Steuerbarkeit der Energiefreisetzung in wählbaren Materialschichten
- gute Integrationseigenschaften in automatisierte Anlagensysteme

*) Zahl der Originalbeiträge

Vorrangig wurden sie in der polygraphischen Industrie zur Herstellung von Dekorfolien, Sandwichstrukturen aber auch zur Qualitätsverbesserung von Druckfarben eingesetzt. Neben Brillanz der Farbwiedergabe, Verringerung des Energieeinsatzes tritt eine deutliche Verringerung der Umweltbelastung infolge Lösungsmittel (*Haering*) auf. Wichtigste Länder bei der Anwendung dieser Techniken sind USA, Japan, Frankreich und BRD. *Kawamura* und *Shui* berichteten über die ersten Ergebnisse einer Rauchgasreinigungsanlage, die in den USA von der AVCO Everett Research Laboratory Inc. (USA) und der EBARA Corp. (Japan) errichtet wurde. Im Rauchgas wird ein SO_2/NO_x-Gehalt von ca. 1000 ppm auf 100 ppm reduziert. Dabei wird NH_3 dem Rauchgas zugeführt, so daß verwertbares Ammoniumsulfat bzw. -nitrat entsteht, das als Düngemittel verwendet wird. Das Verfahren soll in Summa billiger als das Kalkadditivverfahren sein.

Das Gebiet der Anwendung von Strahlung im Bioengineering entwickelte sich im Verlaufe der letzten 5—7 Jahre vornehmlich in den USA (*Hoffman*), Japan (*Kobayashi*), Frankreich (*Gaussens*), BRD (*Rösinger*). Das Hauptanliegen ist, spezifische Vorteile von Strahlung bei der Auslösung chemischer oder physikalischer Bindungen bei niedrigen Temperaturen auszunutzen. Dies bezieht sich auf Implantate und auf Materialien, die sich lange im Kontakt mit dem menschlichen Körper befinden, auf haematologisch kompatible Materialien sowie auf solche, die einer kontinuierlichen Entladung aktiver Substanzen dienen. Durch strahlenausgelöste Pfropfcopolymerisation, Polymerisation oder Vernetzung werden unter der Bedingung niedriger Temperaturen ohne Katalysatoreinsatz (dessen Elementzusammensetzung nicht selten Gifte aufweist) z.B. auf Metall, Keramik, Zement, Polymeren-Transplantate makromolekulare Schichten aufgebracht, die die Besiedelung durch körpereigene Zellen begünstigen. Solche strahleninitiierten Prozesse finden im Wechsel mit biochemischen oder chemischen Verfahrensschritten statt. Weiterhin wird die Strahlung zur Immobilisierung von Enzymen, Antikörpern, Arzneimitteln oder Zellen eingesetzt.

Die Überführbarkeit strahlenchemischer Synthesen in die Industrie wird mit Skepsis gesehen.

3. Unter dem Eindruck weltweit wachsender Energiekosten erschließt sich die Radionuklidtechnik neue Anwendungsgebiete in der konventionellen Energieerzeugung aus Kohle und Öl, speziell mit dem Ziel der Überwachung der Brennstoffqualität, der Verbesserung von Wirkungsgraden, der Verminderung der Umweltbelastung sowie der Anlagenüberwachung im Sinne der Technischen Diagnostik (*Fries*).

Infolge der zunehmenden Bedeutung von Kohle als Primärenergieträger mehren sich die Forderungen nach einer schnellen on-line-Meßtechnik, die wichtige Parameter wie Heizwert, Aschegehalt, Schwefel- und Salzgehalt, H_2O u. a. zu bestimmen gestattet. Gute Ergebnisse liegen in Großbritannien (*Clayton*, *Allen* and *Caldwell*) sowie in Australien (*Clouston*) vor. Offenkundig werden einer weitgehend automatisierten Anregung prompter Gammastrahlung mittels Pu/Be-Neutronenquellen die größten Aussichten im Sinne einer anspruchsvollen Analytik von Kohle zugemessen.

In der VR Polen wurde von *Loskiewicz* et al. eine interessante Möglichkeit der Heizwertbestimmung mittels Neutronenstreuung $^{12}C(n,n'\gamma)^{12}C$ vorgestellt. Der von *Herzenberg* u. a. in den USA vorgeschlagene Weg, miniaturisierte Neutronengeneratoren zur Erzeugung von 14 MeV Neutronen für Kohlenalaysen einzusetzen, führte zu ersten Ergebnissen: die Fa. ZETATRON, SANDIA NATIONAL LABORYTORY entwickelte einen D/T-Generator mit 10^8 Neutronen/s und einer Betriebszeit von 150 h.

4. Obgleich nur wenig prinzipiell neue Lösungen und Ergebnisse vorgestellt wurden, sind die qualitativen Fortschritte bei der Anwendung von Radionuklidtechniken infolge der Nutzung von schnellen Datenverarbeitungssystemen mit internen Speichern offensichtlich (*Donhoffer* et al.). Sie ermöglichen es, nichtlineare Teile von Detektorcharakteristika zu berücksichtigen, eine Vielzahl simultan anfallender Signale zu verarbeiten, zu kombinieren. Damit werden solche Größen wie etwa Strömungsprofile in geschlossenen Rohren (*Löffel*) einer Regelung mittels RNT zugänglich. Gleichermaßen werden zunehmend Möglichkeiten der one-line-Elementgehaltsbestimmungen an Materialströmen erschlossen. In Hinsicht auf Radiotracertechniken ist der Trend zu zunehmender Komplexität der Experimente ausgeprägt. Damit steigt der Informationsgehalt von Tracerexperimenten beträchtlich, industrielle Technologien werden einer weitgehenden Optimierung mittels RNT zugänglich (*Charlton*, *Heslop* and *Johnson*, *Merz*, *Thyn*, *Hierling* et al.). Beeindruckend sind Traceroptimierungen an off shore-Bohrinseln durch *Evans* and *Parsons*, die Überwachung von Bohrwerkzeugen bei Tiefenbohrungen. Einen hohen Stand haben RNT zur Optimierung von Kraftfahrzeugen (*Sailer*) erreicht. Das Verschleißverhalten der Motoren messend, können optimale Schmierstoffe ausgewählt und minimale Kraftstoffaufnahme angestrebt werden.

5. Der Einsatz von Radionuklidneutronenquellen, speziell des ^{252}Cf, gewinnt zunehmend neue Nutzungsaspekte, wenn Neutronen- und Gammastrahlung simultan gemessen werden. Dies belegen *Tominaga* et al. und *Salgado* et al. mit der Entwicklung eines Feuchte-Dichtemeßgerätes für die Anwendung in der Stahlindustrie, speziell an Koks.

Die oben abgehandelten qualitativen Trends widerspiegeln bei allen möglichen subjektiven Gesichtspunkten des Autors doch die objektiv wirkende Dynamik der Radionuklidtechnik und der Strahlentechnik. Die enge Beziehung zwischen dem Arbeitsgebiet und einer effektiven Produktionsweise in der Industrie wird ebenso deutlich wie die großen, noch unerschlossenen Potenzen.

Folgende 6 DDR-Beiträge wurden auf der Konferenz vorgestellt:

— „SO_2-Conversion by combination principle" — Poster
(*J. W. Leonhardt, J. Bös, H. Krüger, P. Popp*)

— „Gamma and electron Radiation effects on wheat straw" — Poster
(*M. Bär, G. Hübner, J. Leonhardt, A. Hennig, K. Nehring*)

— „The high sensitive on line detection of SO_2, NO_x, NH_3, $Ni(Co)^4$ and Halocarbons by means of an Aerosolionizationdetector (AIG)" — Poster
(*H.-J. Große, J. Leonhardt, H.-R. Döring, F. Gleisberg*)

— „A pilot plant for the radiation induced chlorination of PVC" — Poster
(*M. Bär, K. Friese, J. Reinhardt*)

— „Determination of the dependence of the briquette quality on the lignite from different mines and layers by radionuclides"
(*J. Leonhardt, H.-G. Könnecke, R. Otto, P. Hecht, H. Ulrich*)

— „Ionization detectors in environmental analysis"
(*J. Leonhardt*)

J. Leonhardt

Eingegangen am 3. 2. 1982

Informationen

IAEA. Am 14. Oktober 1981 wurden zwischen der IAEA und Argentinien zwei Sicherheitsabkommen unterzeichnet. Das eine betrifft die Lieferung von schwerem Wasser durch die UdSSR an Argentinien und das andere eine von der Schweiz an Argentinien gelieferte Anlage zur Gewinnung von schwerem Wasser, die auf einem mono-thermischen Isotopenaustauschprozeß mit Ammoniak beruht. Mit dem Abkommen über die Anlage zur Gewinnung von schwerem Wasser wurde erstmals eine solche Anlage der Sicherheitskontrolle der IAEA unterstellt.

IAEA. Der Gourverneursrat der IAEA ernannte am 26. September 1981 Dr. *Hans Blix* zum Generaldirektor der IAEA und Nachfolger von Dr. *Sigrard Eklund.* Diese Ernennung wurde von der Generalkonferenz der IAEA auf ihrer Schlußsitzung am 26. September 1981 bestätigt. Dr. *Eklund* hatte das Amt des Generaldirektors der IAEA seit 1961. Der Vorsitzende des Gouverneursrates, Dr. *Maurice Copithorne*, würdigte in einer Ansprache die großen Verdienste Dr. *Eklunds* um die Sache der friedlichen Nutzung der Kernenergie und führte u. a. aus, daß „die Kernenergie als einzige auf absehbare Zeit verfügbare Alternative zu den fossilen Brennstoffen Anerkennung gefunden hat. Nicht wenig dazu beigetragen haben die persönliche Überzeugung und die Entschlossenheit Dr. *Eklunds* hinsichtlich der Möglichkeiten, mit Hilfe der Kernenergie die Lebensqualität der Menschheit zu verbessern." Dr. *Eklund* wurde der Titel eines Generaldirektors Emeritus der IAEA verliehen.

Dr. *Blix* stammt, wie auch Dr. *Eklund*, aus Schweden. Er studierte an der Universität von Uppsala, an der Columbia University und in Cambridge, wo er zum Dr. phil. promovierte. Im Jahre 1959 promovierte er an der Universität Stockholm zum Dr. jur. und wurde 1960 zum außerordentlichen Professor für Völkerrecht ernannt. Seit 1961 ist er Mitglied der schwedischen Delegation bei der UNO-Generalversammlung und von 1962–1978 gehörte er der schwedischen Delegation bei der Genfer Abrüstungskonferenz an. Er hat mehrere Bücher über Fragen des Völker- und Verfassungsrechts verfaßt. In seiner Heimat setzt er sich für die Fortführung des Kernenergieprogramms ein.

IAEA. Zwischen Frankreich, der EURATOM und der IAEA wurde am 12. September 1981 ein Abkommen in Kraft gesetzt, in dessen Rahmen bestimmte Kernmaterialien und Kernanlagen in Frankreich durch die IAEA kontrolliert werden. Für einige Anlagen wird die IAEA routinemäßige Inspektionen festlegen. Das Abkommen gleicht den Abkommen mit Großbritannien und den Vereinigten Staaten, die bereits 1980 bzw. 1981 in Kraft getreten sind.

IAEA. Die IAEO stellt in ihrem Jahresbericht 1980 fest, daß das Jahr durch wachsende Einsicht in die Notwendigkeit der Kernenergie gekennzeichnet war. Dies vor allem wegen der steigenden Ölpreise. Die Gesamtkapazität der Kernkraftwerke der Welt wuchs um rund 11% von 123 GW Ende 1979 auf 136 GW Ende 1980. Der Zuwachs stammt hauptsächlich aus drei Ländern: Frankreich, Schweden und Sowjetunion.

Ende 1980 waren 253 Kernkraftwerke in Betrieb mit einer Betriebsführung von insgesamt 2100 Betriebsjahren. Seit 1956, als das erste Kernkraftwerk in Betrieb ging, ereignete sich in keinem einzigen Kernkraftwerk ein durch Strahlung verursachter Todesfall und auch kein durch Strahlung hervorgerufener schwerwiegender Personenschaden.

Kernkraft trug 1980 mit rund 8% zur Weltelektrizitätsversorgung bei. Ende 1980 waren 230 Kernkraftwerke mit einer Gesamtkapazität von 212 GW im Bau.

Für 1985 rechnet die IAEO mit einer in der Nuklearindustrie aller Länder installierten Totalkapazität von 310 GW; 11% der Stromerzeugungskapazität der Welt sollen bis dahin aus Kernenergie gedeckt sein.

Nuclex 81. Am 9. Oktober 1981 wurde in Basel die Nuclex 81, die 6. Internationale Fachmesse und Fachtagung für die kerntechnische Industrie beendet. Während 4 Tagen zeigten 287 Aussteller aus 19 Ländern den 9449 Besuchern aus 39 Ländern das gesamte Angebotsspektrum der modernen Kerntechnik. Neben der Reaktortechnik wurden vor allem die Anwendungsbereiche der Kernstrahlung und der Kernforschung gezeigt, einschließlich der dazu erforderlichen Meßtechnik, der Laborgeräte und der Abfallbehandlung und Deponie. Während der Dauer der Fachmesse waren Störungen bis hin zur Verhinderung von seiten einer Gruppierung geplant, die unter dem Slogan Nix-Nuclex agierte. Deshalb sind eine Reihe von Ländern und Organisationen der Nuclex ferngeblieben. Die Geschäftsleitung der Schweizer Mustermesse konnte aber nach Beendigung der Nuclex mit Genugtuung feststellen, daß das angestrebte Ziel der Nix-Nuclex in keinem Punkt erreicht worden ist. Die Festansprache zur Eröffnung der Nuclex 81 hielt *B. A. Semenov*, Stellvertretender Generaldirektor und Leiter der Hauptabteilung für technische Operationen der IAEA.

DDR. Der Leipziger Kommissions- und Großbuchhandel (LKG) hat den Literaturkatalog 1981 „Mathematik — Physik" herausgegeben (Redaktionsschluß 19. 5. 1981). Er ist in die beiden Hauptgebiete Mathematik und Physik untergliedert, mit einem Titel- und Autorenverzeichnis versehen und umfaßt insgesamt 168 Seiten. Der Katalog enthält alle die zum genannten Themenkreis durch den LKG lieferbaren Titel der DDR-Verlagsproduktion.

DDR. Die Technische Hochschule „Otto von Guericke" — Magdeburg veranstaltet vom 31. August 1982 bis zum 9. September 1982 die „Wissenschaftlichen Tage 1982". In diesem Rahmen sind folgende Veranstaltungen vorgesehen:

— VII. Kolloquium Ausrüstung für die Metallurgie vom 31. 8. bis 2. 9. 1982
— 4. Fachtagung Elektrotechnologie vom 2. 9. bis 3. 9. 1982 und das
— VI. Symposium Verformung und Bruch vom 7. 9. bis 9. 9. 1982.

Der Voranmeldungstermin zur Teilnahme an den „Wissenschaftlichen Tagen 1982" ist der 31. 10. 1981. Weitere Auskünfte sind zu bekommen von:
Technische Hochschule „Otto von Guericke" Magdeburg, Tagungsbüro, 3010 Magdeburg, Postschließfach 124.

DDR. Folgende 3 Reports des Staatlichen Amtes für Atomsicherheit und Strahlenschutz der DDR (SAAS) sind erschienen:

SAAS-278 Integrierendes Gerät zur Langzeitmessung niedriger Radonfolgeprodukt-Konzentrationen (Integrating device for long-term measurement of low radon-daughter concentrations) — *J. Schwedt*

SAAS-281 Anzeige von Neutronendosimetern in unterschiedlichen Neutronenfeldern (Response of neutron dosimeters to different neutron fields) — *D. Sgraja*

SAAS-282 Ausbreitung von Radionukliden im Grundwasser. Pumpversuche mit Indikatoren (Radionuclide migration in groundwater. Pumping experiments with indicators) — *M. Petschel, H. Böhm, D. Zappe, W. Körner*

BRD. Die Strahlenschutzkommission (SSK) der BRD hat auf der 35. Sitzung am 2. 7. 81 eine Stellungnahme zum Vergleich der Strahlenexposition der Bevölkerung durch Emission radioaktiver Stoffe aus Kohlekraftwerken und aus Kernkraftwerken beschlossen.

Seit 1978 wurde im Auftrag der Strahlenschutzkommission diese Frage u. a. vom TUeV Rheinland, dem Institut für Strahlenschutz der Gesellschaft für Strahlen- und Umweltforschung mbH (GSF) und dem Institut für Strahlenhygiene des Bundesgesundheitsamtes (GBA) untersucht.

Unter Verwendung der Analysedaten ergibt sich an der ungünstigsten Einwirkungsstelle in der Umgebung eines modernen Steinkohlekraftwerks ein Wert von etwa 0,7 mrem als effektive Aequivalentdosis und bei einem modernen Kernkraftwerk mit Druckwasserreaktor ein solcher von etwa 0,1 mrem — jeweils bezogen auf die Emissionen für eine Erzeugung von 1 Gigawattjahr (GWa) elektrischer Energie. Die Strahlenexposition in der Umgebung eines Braunkohlekraftwerks ist im allgemeinen um etwa den Faktor 5 niedriger als die bei einem Steinkohlekraftwerk. Bei Kernkraftwerken mit Siederwasserreaktor ist die Strahlenexposition um etwa den Faktor 4 höher als bei solchen mit Druckwasserreaktor.

Die SSK kommt zu dem Schluß, daß die tatsächliche Strahlenexposition (effektive Äquivalentdosis) durch moderne Kohle- und Kernkraftwerke in der BRD in der gleichen Größenordnung liegt und einen Bereich von 0,1 bis 1 mrem pro GWa nicht übersteigt. Diese zusätzliche Strahlenexposition liegt zwischen 1‰ und 1% der mittleren natürlichen Strahlenexposition der Bevölkerung in der Bundesrepublik.

DDR. Zwei neue Reports des Staatlichen Amtes für Atomsicherheit und Strahlenschutz der DDR (SAAS) sind erschienen:

SAAS-280 Abschlußkonferenz über die wissenschaftlich-technische Zusammenarbeit auf dem Gebiet des Strahlenschutzes zwischen dem Ministerium für Gesundheitswesen der UdSSR und dem Staatlichen Amt für Atomsicherheit und Strahlenschutz im Zeitraum 1979—1980, Weimar, 12.—18. Oktober 1980

SAAS-283 Rechnerbearbeitung von Kernmaterialdaten in der DDR. Stand vom August 1980 (Computer processing of nuclear material data in the German Democratic Republic as of August 1980 — *M. Burmester* u. *M. Helming*)

Buchbesprechungen

Management of Alpha-Contaminated Wastes Proceedings of a Symposium, Vienna, 2.—6. June 1980

Vienna: IAEA 1981. 714 S., zahlr. Abb. und Tab.; karton. Austrian Schilling 1100.—

Am Symposium haben 25 Länder und 4 internationale Organisationen mit 150 Vertretern teilgenommen. Der vorliegende Band ist der Symposiumsbericht über die 47 Vorträge und über ein Rundtischgespräch von 8 Experten über die zukünftige Entwicklung auf diesem Gebiet unter Leitung von *Y. Sousselier* (Frankreich). Folgende inhaltliche Schwerpunkte werden behandelt:

- Allgemeine Fragen und nationale Programme für Abfälle mit Alphastrahlern (4 Beiträge aus Frankreich, Indien und den USA sowie ein gemeinsamer Beitrag aus Großbritannien, Belgien und Frankreich)
- Bearbeitungsverfahren für Abfälle mit Alphastrahlern (7 Beiträge)
- Verfahren zur Verringerung des Abfallvolumens (12 Beiträge)
- Verfahren zur Verfestigung und Konfektionierung von Abfällen mit Alphastrahlern (7 Beiträge)
- Meßtechnik für Abfälle mit Alphastrahlern (7 Beiträge)
- Abtrennung von Actiniden aus Abfällen (5 Beiträge)
- Aspekte der Endlagerung von Abfällen mit Alphastrahlern (5 Beiträge).

Der Symposiumsbericht zeigt, daß mit Hilfe der gegenwärtig vorhandenen Technik eine sichere Handhabung und Endlagerung von Abfällen mit Alphastrahlern möglich ist. Er zeigt auch die Richtungen, in denen zukünftige Entwicklungen in dieser Problematik erfolgen können. Er wird allen Fachleuten, die auf dem Gebiet der radioaktiven Abfälle arbeiten sowie den Interessenten empfohlen, die ihre Kenntnisse in diesen Fragen vertiefen möchten.

K. Runge

Management of Gaseous Wastes from Nuclear Facilities Proc. of a Symposium, Vienna, 18.—22. February 1980

Vienna: IAEA 1980. 699 S., zahlr. Abb. und Tab.; karton. Austrian Schillings 1000.—

Der vorliegende Band der Proceedings Reihe enthält 43 Vorträge zur Behandlung gasförmiger Abfälle aus Kernanlagen sowie ein Rundtischgespräch unter der Leitung von *M. W. First* (UK) zur Einschätzung des gegenseitigen Standes und der zu lösenden Aufgaben auf diesem Gebiet.

Im Übersichtsvortrag von *M. W. First* zu Entwicklungstendenzen bei Auslegung und Betrieb von Abgasreinigungssystemen in Kernanlagen wird eine umfassende und praxisorientierte Analyse zum Stand der Behandlung gasförmiger Abfälle gegeben.

Die Vorträge wurden in 8 Sektionen abgehalten:

- Allgemeine Gesichtspunkte zur Behandlung gasförmiger Abfälle aus Kernanlagen mit Übersichten zu Arbeitsprogrammen der IAEA, der OECD, der Europäischen Gemeinschaft und der USA.
- Herkunft und Eigenschaften der Abgase aus Kernanlagen (Grundlagen der Möglichkeit zur Fixierung flüchtiger Radionuklide und Methoden der Entfernung flüchtiger aktiver und inaktiver Gase in Wiederaufbereitungsanlagen (WAA).
- Entfernung und Rückhaltung von Radiojod, Tritium, ^{14}C (Schwerpunkt ist die Behandlung von Abgasen aus WAA).
- Entfernung und Rückhaltung von Edelgasen (Schwerpunkt ist die Fixierung von ^{85}Kr in geeigneten Testkörpern und die selektive Adsorption an Freonen).
- Filtration, Probennahme und Kontrolle von Abgasen (Es werden Prüfmethoden für Aerosolfilter, Jodfilter und bestimmte Radionuklide wie Tritium, ^{35}Schwefel und ^{14}Kohlenstoff gegeben).
- Betriebserfahrungen mit Abgasreinigungssystemen (an Magnox-Reaktoren, N-Reaktoren, Verbrennungsanlage, Gasreinigungsanlage für Brennstoffauflöserstufe, Pilotanlage für Tieftemperaturdestillation)
- Auslegung von Abgasreinigungssystemen (Anlagenanforderungen an WAA, KKW mit DWR und Alterungsverhalten von Aktivkohlen)
- Lagerung und Beseitigung (alternative Konzepte für die Endlagerung von Tritiumabfällen und ^{85}Krypton).

Die Symposiumsbeiträge geben einen guten, wenn auch nicht geschlossenen Überblick zum derzeitigen Leistungsstand und den in Zukunft zu lösenden Aufgaben bei der Behandlung gasförmiger Abfälle. Abgasprobleme von Wiederaufbereitungsanlagen stehen dabei im Vordergrund.

Allen Fachleuten, die mit der Errichtung, dem Betrieb und der Begutachtung von Anlagen zur Bearbeitung radioaktiver Abprodukte beschäftigt sind, kann dieser Bericht sehr empfohlen werden.

K.-H. Johannsen

Erzeugung und Analyse von Bildern und Strukturen
Informatik-Fachberichte, Bd. 29

Hrsg. S. J. Pöppl, H. Platzer. Berlin—Heidelberg—New York: Springer 1980. VII, 215 S.; geheftet approx. US $ 16,90

Laut Vorwort enthält dieser Tagungsband die meisten Vorträge (26) einer gemeinsamen Arbeitstagung (Essen, 27.—31. Mai 1980) der „Deutschen Gesellschaft für angewandte Optik" und der „Deutschen Arbeitsgemeinschaft für Mustererkennung". Allein die Unterteilung in 12 Abschnitte läßt erkennen, daß ein roter Faden fehlt. Um trotzdem einen kurzen Überblick zu geben, seien an Methoden der Bilderzeugung genannt: optoakustischer Effekt mit Bildabtastung, Speckles-Auswertung, holographische Interferenzbilder. Bildbearbeitungsalgorithmen, wie verschiedene Methoden der Filterung (Hoch-, Tief-, Bandpaß-, Kontur-, Laplace-Filterung), geometrische Entzerrung, hierarchische Graphen und Bildgraphen, Probleme der Segmentierung wurden bevorzugt bei der Auswertung von Röntgen- und Mikroskopbildern, Radioaktivitätsverteilungen bei nuklear-medizinischen Untersuchungen, Blutbildern, bei der Kernspurauswertung und beim Entwurf elektronischer Schaltungen angewandt. Der Band spricht damit einen breiten, schwer abzugrenzenden Kreis von Spezialisten auf vielen, dem Titel entsprechenden Arbeitsgebieten an. Die drucktechnische Qualität des mittels photomechanischer Reproduktion hergestellten Bandes ist einwandfrei.

B. Potschwadek

Computerized Tomography
INSERM-Symposium, Bordeaux, September 1979

Ed. J. M. Caillé, G. Salamon. Berlin—Heidelberg—New York: Springer 1980. 293 S., 139 Abb., 31 Tab.; éoft cover DM 82,—; US $ 48.40

Der vorliegende Band enthält insgesamt 40 Beiträge des INSERM(= Institut National de la Santé et de la Recherche Médicale)-Symposiums vom 20.—22. September 1979 in Bordeaux, alle in englischer Sprache, und ist in die drei Abschnitte 1. Röntgenstrahlen-Computertomographie, 2. Emissionscomputertomographie (ECT), Ultraschalltomographie und Kernmagnetresonanz sowie 3. Geräteüberblick unterteilt. Mit fast 3/4 aller Vorträge nimmt naturgemäß die Röntgen-CT eine überragende Stellung ein. Als Schwerpunkte sind zu nennen die Verbesserung der geometrischen Auflösung und ein unverkennbarer Trend zur quantitativen Auswertung durch Auffinden von Beziehungen zwischen CT-Zahl und Dichte. Die klinische Anwendung bezieht sich überwiegend auf Untersuchungen des Schädels und des Rückgrates. Zunehmend werden Kontrastmittel eingesetzt, wobei in einem Vortrag über dynamische Untersuchungen berichtet wird, leider jedoch ohne Angabe der Strahlenbelastung. Im zweiten Abschnitt dominiert die ECT mit Positronen, mit deren Hilfe Stoffwechselvorgänge vor allem des Hirns untersucht werden. Abschließend findet man im dritten Abschnitt einen Überblick über die technischen Parameter von Röntgen-CT-Geräten von 7 Firmen, allerdings nach deren eigenen Angaben und damit oft nicht vergleichbar. — Man gewinnt den Eindruck, daß die Autoren ihre Manuskripte bereits vor dem Symposion vorzulegen hatten; denn häufig fehlen im Text erwähnte Abbildungen oder Illustrationen. Nicht enthalten ist die Diskussion der Vorträge, womit ein wesentlicher Inhalt eines Symposions fehlt. Die Absicht der Herausgeber, vor allem ein lehrendes Symposion zu organisieren, kann — jedenfalls an Hand des Bandes — als nur bedingt erfolgreich beurteilt werden. Druck und Ausstattung sind vorzüglich.

B. Potschwadek

Pipers Buch der modernen Physik

E. Lüscher unter Mitarb. von E. Hofmeister. 2. überarb. Aufl.; München—Zürich: R. Piper & Co. 1980; 504 S., 330 Abb., 50 Tab.; geb. DM 49,80; ÖS 388,45

Eine moderne naturwissenschaftliche Disziplin auf einer endlichen Zahl von Seiten darzustellen und dem Leser die erreichte Vollkommenheit einerseits und die an manchen Stellen noch zu bewältigenden Probleme andererseits nahezubringen, ist zwar ein lohnendes, aber auch sehr schwieriges Unternehmen. Hier liegt ein solches gelungenes Unternehmen in 2. Auflage vor und beschreibt die moderne Physik.

Neben einigen leicht erkennbaren Drùckfehlern, die übrigens alle auch schon in der 1. Auflage enthalten waren, wie beispielsweise in Bezug (S. 142), dreißigerjahre (S. 292), wesentliches (S. 78), Isotope des Raumes (S. 485), Tritum (S. 339), „lasen" (S. 397) und einigen uneinheitlich geschriebenen Worten oder Begriffen wie *Maxwell*-Gleichung und *Maxwell*gleichung (S. 278), *Cooper*-Paar und *Cooper*paar (S. 379), *Gunn*-Element (S. 405, 408) und *Gunn*element (S. 407), Cadmium (S. 201, 412) und Kadmium (S. 331), *euklid*isch und *Euklid*isch (S. 72, 75, 76), fotochemisch und photochemisch (S. 286), wären folgende Hinweise für künftige Neuauflagen zu beachten: Der Hinweis *Bender, Hans* (S. 133) sollte im Inhaltsverzeichnis gestrichen werden; der betreffende Satz über *Bender, Hans* ist in der 2. Auflage nicht mehr enthalten. Die Seiten 252 und 253 sind falsch paginiert und auch falsch eingeordnet. Die vielen erwähnten Nobelpreisträger werden manchmal auch als solche bezeichnet, häufiger aber nicht — es ist keine Systematik darin zu erkennen, und es wäre zweckmäßiger, hier eine Einheitlichkeit anzustreben. *Friedrich Wöhler* hat 1828 den Harnstoff nicht aus organischen Bestandteilen (S. 270 und in der 1. Auflage auf S. 266), sondern im Gegenteil aus anorganischen Bestandteilen, nämlich aus Ammoniumcyanat, synthetisiert. Ferner dürfte die Bildung von Molekülen, die für die ersten Organismen auf unserer Erde notwendig waren, wesentlich weiter zurückzudatieren sein, als nur auf $(2 \ldots 3) \times 10^9$ a (S. 270), denn in den Isua-Sedimenten von Westgrönland konnten Hinweise auf eine Lebenstätigkeit gefunden werden, die $3{,}8 \times 10^9$ a alt sein dürften. Die Pu-Giftigkeit (auf S. 334) sollte man etwas genauer charakterisieren, es ist die „Giftigkeit" eines α-Strahlers, die unvergleichlich anders wirkt als die uns gewöhnlich als Gifte bekannten Substanzen.

Seit über 30 Jahren wird empfohlen, die in manchen Sprachen verwendete Schreibweise „oxyd" durch „oxid" zu ersetzen (Chem. Ber. **62**, Nr. 7, 1959). Hier werden beide Schreibweisen fast in gleicher Zahl nebeneinander verwendet. An diesem Beispiel sieht man, welche lange Karenzzeit erforderlich ist, um eine erwünschte Einheitlichkeit zu erzielen. Deshalb sollten in künftigen Neuauflagen auch konsequent die SI-Einheiten verwendet werden und nicht °K (S. 344), Atm. resp. bar (S. 42), µbar (S. 52/53), gr/cm³ (S. 472) oder unterschiedliche Abkürzungen für sec., s (S. 298, 401), km/h (S. 367, 371), km/Std. (S. 365), km pro Stunde (S. 367). Eine Aktualisierung sollte auch zu den Angaben über die Bevölkerungsentwicklung, den Energieverbrauch, über Brennstoffvorräte, Recycling, Kernenergie u. ä. gemacht werden, die alle noch aus den beginnenden 70er Jahren stammen; gerade auf diesem Gebiet ist in der Zwischenzeit vieles in Bewegung geraten.

Die vorliegende 2. Auflage unterscheidet sich insgesamt nicht sehr stark von der 1. Auflage. Das Grundanliegen des Buches, die uns umgebende Welt durch Erkärungen der physikalischen Zusammenhänge näherzubringen und durchschaubarer zu erfassen, ist sehr gut, das Bildmaterial überzeugend und die Themenwahl originell. Das Buch sollte von vielen Menschen unterschiedlichen Alters gelesen werden, um die Physik besser verstehen zu können.

H. Hübner

Die Ausgleichsrechnung
Grundlagen und Anwendungen in der Geodäsie

G. Reißmann. 5. erw. u. bearb. Aufl.; Berlin: VEB Verl. für Bauwesen 1980. 368 S.; M 42,80

Die Ausgleichsrechnung, in ihren wesentlichen Gedankengängen vom 17jährigen *Gauß* erdacht, hat zahlreiche Gebiete von Wissenschaft und Technik befruchtet und „bewirkte, daß ... Messen und Auswerten ehrlicher wurden". Der Autor befaßt sich nicht nur mit den Grundlagen und Methoden der Ausgleichsrechnung und ihrer Anwendung in der Geodäsie, sondern vermittelt außerdem Kenntnisse allgemeinerer Art über die mathematische Behandlung von Meßergebnissen:

Nach einem knappen historischen Exkurs findet man die wichtigsten Regeln der Matrizenrechnung erläutert, mit deren Hilfe sich die Ausgleichsrechnung elegant darstellen läßt. Der Matrizenkalkül wird bereits im folgenden Kapitel, einer Einführung in die Fehlerrechnung, benutzt. Den Hauptteil des Buches bilden die Kapitel über die Ausgleichung unabhängiger bzw. korrelierter Messungen (einschließlich eines Abschnitts über Kollokation), in denen verschiedene für beide Problemgruppen anwendbare Verfahren detailliert erläutert und verglichen werden. Es schließt sich eine Auswahl der häufigsten geodätischen Ausgleichungsaufgaben an. Der letzte Teil enthält neben Grundbegriffen der Wahrscheinlichkeitsrechnung und Statistik insbesondere eine Beschreibung statistischer Prüfverfahren.

Die übersichtlich gegliederte Darstellung ist modern geschrieben, dabei didaktisch sehr ansprechend. Letzteres kommt in den zahlreichen vielfach numerisch durchgerechneten Beispielen ebenso zum Ausdruck wie im Hervorheben wichtiger Beziehungen oder in Hinweisen auf Fehlermöglichkeiten. Es werden auch eine Reihe von Rechenproben angegeben, und am Ende entsprechender Abschnitte sind Formeln und Algorithmen zusammenfassend wiederholt.

Die Kapitel über Fehlerrechnung und Statistik vermitteln in leicht lesbarer Form einen für jeden Naturwissenschaftler wichtigen Wissensstoff. Daß die dargestellten Zusammenhänge und Rechenmethoden des Hauptteils lediglich durch (anschauliche) geodätische Anwendungen illustriert sind, bedeutet keine Einschränkung der Allgemeinheit. Deshalb ist das Buch nicht nur Studierenden und Praktikern der Geodäsie zu empfehlen, sondern wird all denen von Nutzen sein, die sich mit Problemen der Ausgleichsrechnung zu befassen haben.

K.-P. Dostal

Environmental Geochemistry
Ecological Studies 35

J. A. C. Fortescue. New York—Heidelberg—Berlin: Springer 1980. XVII, 347 S., 131 Abb., 76 Tab.; geb. DM 69,—; US $ 40, 80

Der Untertitel zu dieser Umwelt-Geochemie lautet: A holistic Approach, vielleicht am besten zu übersetzen mit „Versuch einer Ganzheitsbetrachtung". Zum Zweck der Einordnung des Buches sagt der Autor selbst, daß es in einem kurzfristigen Sinne der Überprüfung von Konzepten, Wirkprinzipien und Terminologien dienen soll, die von den

Umwelt-Geochemikern verwendet werden, und daß es in einem langfristigen Sinne auch als Prüfstein zur Einschätzung von neu aufzunehmenden Untersuchungen auf dem Gebiet der Umwelt-Geochemie betrachtet werden kann, um eine strengere Wissenschaftlichkeit auf diesem Gebiet zu erreichen.

Das Buch ist in 4 große Abschnitte von insgesamt 20 Kapiteln geteilt: eine Einführung, die Grundlagen der Landschafts-Geochemie, einige Anwendungen der Landschafts-Geochemie und schließlich ein Abschnitt Zusammenfassung und Schlußfolgerungen. Der zentrale Begriff dieser Ganzheitsbetrachtung ist die Landschaft und ihre stoffliche und zeitliche Veränderung, was zusammengefaßt ausgedrückt Landschafts-Geochemie aussagen soll, ein Begriff, der auf die sowjetische Schule der Geochemie zurückgeführt wird, vor allem auf *W. I. Wernadski* und *B. B. Polynow*. Während die, sagen wir, allgemeine Geochemie im wesentlichen durch geologische Prozesse beeinflußt wird, versucht die Landschafts-Geochemie das Wechselspiel von Geomorphologie, Bodenkunde, Biologie, Ökologie, Limnologie, Agrar- und Forstwissenschaften und andere Disziplinen zu beschreiben und zu erfassen.

Die Häufigkeit der Elemente in den einzelnen Sphären wird recht übersichtlich dargestellt und zusammengefaßt. Dies gilt nicht für die Häufigkeit der Isotope, die nur eine untergeordnete Rolle spielen, und auch an einigen Stellen nur als Tracerexperimente (z.B. Jod-131-Anwendung in einem finnischen See, S. 173) abgehandelt werden. Das scheint bei so gängigen Begriffen wie Umweltisotope – stabile und radioaktive – und bei allen Fragen der Isotopenbilanzen gerade der behandelten Ausschnitte aus der Landschafts-Geochemie nicht gerechtfertigt zu sein.

Die Literatur wurde mit insgesamt 232 Hinweisen nur knapp erfaßt, dabei machen die Hinweise von 1975–1979 nur 25,86% aus, wo doch in diesem Zeitraum sicher viel an neuen Erkenntnissen hinzugekommen ist. Die Monographie wird manchen Geochemiker enttäuschen, es sei denn, er sucht nach weiteren Gründen und Begründungen einer möglicherweise in Zweifel gezogenen Landschafts-Geochemie.

Alles in allem dem Landschafts-Geochemiker im engeren Sinne eine wertvolle Schrift, dem Umwelt-Geochemiker im weiteren Sinne eine Anregung für mögliche weitere Ansätze von Gedankengängen.

H. Hübner

Mechanismen und Theorie in der organischen Chemie

Th. H. Lowry u. K. Schneller-Richardson, übers. von S. Sustmann. Weinheim–Deerfield Beach, Florida–Basel: Verlag Chemie 1980. 831 S., 155 Abb., 98 Tab.; geb. DM 98,–

Es gibt einen bekannten und immer wieder zu bewältigenden Konflikt bei der Abfassung von Büchern mit diesem Inhalt – den Konflikt zwischen Tradition und Originalität. Der oder die Autoren sind traditionell gebunden, da Vorläufer, und meist nicht wenige, bereits vorliegen. Zum anderen ist gewiß der Wunsch stark und verlockend, etwas Originelles, ein fast aus der Art geschlagenes Buch zu schreiben. Die Autoren des vorliegenden Buches sagen im Vorwort, daß sie bei der Einteilung des Stoffes traditionell vorgegangen sind. Das Buch ist in insgesamt 12 Kapitel eingeteilt, wovon 9 von vornherein zu erwarten sind: Grundlagen der physikalischen organischen Chemie, worunter die Stereochemie, die linearen Freie-Enthalpie-Beziehungen, die Thermochemie, die Reaktionskinetik und originellerweise die Isotopieeffekte verstanden werden, dann folgen Kapitel der ionischen und radikalischen Substitutionsreaktionen, der intramolekularen Umlagerungen und der Additionen bzw. Eliminierungen. Diese 8 Kapitel machen 72% an Seitenumfang des Buches aus. Die letzten Kapitel sind untraditionell, nämlich: Störungstheorie und Symmetrie, die Theorie der pericyclischen Reaktionen, Anwendungen pericyclischer Auswahlregeln und schließlich die organische Photochemie.

Der Teilabschnitt über die Interpretation von Geschwindigkeitskonstanten bereitet alles vor, um die Theorie der kinetischen Isotopieeffekte verstehen zu können. In einem Anhang werden zusätzlich noch die erforderlichen Grundlagen der statistischen Thermodynamik gebracht. Es ist deshalb nicht ganz zu verstehen, warum dann Rechnungen nicht etwas näher behandelt werden – natürlich an einigen gut ausgewählten Beispielen –, um die Wirkungsweise und Aussagekraft dieses aufbereiteten Apparates besser verstehen zu können. Diese Rechnungen werden nur als Hinweis auf das bekannte Lehrbuch „Physical Organic Chemistry" von *Kenneth B. Wiberg* aus dem Jahre 1964 gebracht. Gerade der Vergleich von berechneten und gemessenen Werten der kinetischen Isotopieeffekte liefert den einzigen Zugang zur Struktur des Übergangskomplexes, und man kann viel darüber lernen, welchen Einfluß einzelne Normalschwingungen auf eine gute Übereinstimmung von Theorie und Experiment haben. Warum nur Beispiele der H/D-Isotopieeffekte gewählt wurden, ist ebenfalls nicht ganz verständlich, wo gerade hier die *Teller-Redlich*sche Produktregel wegen der möglichen Anharmonizitäten der Schwingungen nur bedingt angewendet werden kann. Die schwereren Elemente und die in der organischen Chemie auch wichtigen Elemente C, N, O, Cl liefern häufig schon durch sehr einfache Annahmen – beispielsweise bei der vieluntersuchten Decarboxylierungsreaktion – eine leicht überschaubare Berechnung der kinetischen Isotopieeffekte. Vielleicht sollte bei zu erwartenden Neuauflagen auch der Teilabschnitt über einige Grundlagen der Symmetriebetrachtungen (S. 583–587) etwas aufgeweitet werden, da dieses wichtige Betrachtungsprinzip für das Verständnis aller folgenden Kapitel etwas verdeckt zur Geltung kommt.

Es ist ein gutes und modernes Lehrbuch über die theoretischen Grundlagen der organischen Chemie; die ausgewählten Beispiele sind überzeugend, manchmal auch anspruchsvoll in bezug auf Durchschaubarkeit. Aufgaben mit Literaturhinweisen vervollständigen und vertiefen bereits vorhandene Kenntnisse. Es kann jedem Studenten mit bereits erworbenem Wissen auf dem Gebiet der organischen Chemie und Quantenchemie sehr empfohlen werden.

H. Hübner

For the determination of dynamic changes in weight per unit area, particularly short times of measurement are necessary. Proceeding from well-known statistic laws, this requires a high intensity of back-scattering. In the present work, the limits of achievable radiation intensity with ^{14}C are investigated, taking into consideration the main influence factors.

Для определения динамических изменений веса на единицу площади необходимы особенно короткие времена измерения. В связи с известными статистическими законами это обстоятельство вызывает необходимость наличия высокой интенсивности обратного рассеяния. В настоящей работе с учетом основных влияющих факторов рассматриваются пределы достигаемой интенсивности излучения при использовании нуклида ^{14}C.

H. Gast, W. Stolz

Correlation between Meteorological Conditions and the Rn Concentration of Soil Air

Isotopenpraxis 18 (1982) No. 7, p. 250 to 253
9 Fig., — Tab., 24 Ref.

Continuous radon flux from the soil into the free atmosphere is influenced by meteorological conditions. Long-time measurements showed that the changes in the radon concentration (^{222}Rn and ^{220}Rn) of the soil air correlate with changes in air temperature. A correlation is presented for temperature correction for geological prospecting.

Х. Гаст, В. Штольц

Взаимоотношение между метеорологическими условиями и концентрацией радона в воздухе почвы

Isotopenpraxis 18 (1982) вып. 7, стр. 250 до 253
9 рис., — табл., 24 лит.

Постоянное течение радона с почвы в свободную атмосферу подвергается влиянию метеорологических условии. Долговременные измерения показали, что изменение концентрации радона (^{222}Rn и ^{220}Rn) в воздухе почвы зависит от изменения температуры воздуха. Приводятся возможности использования этого взаимоотношения для термической коррекции в связи с геологической разведкой.

J. Šulc

Excitation of the Characteristic K Series Radiation, Coherent and Incoherent Scatter of Low Energy Gamma Rays (*in English*)

Isotopenpraxis 18 (1982) No. 7, p. 254 to 256
6 Fig., — Tab., 4 Ref.

On the basis of a simplified mathematical model there is calculated the probability of a photon of characteristic K series radiation excited by a photon of low energy gamma radiation hitting the detector. There are also included the probabilities for coherently and incoherently scattered primary radiation considering electron binding energies.

И. Шульц

Возбуждение характеристического излучения серии K, когерентное и некогерентное рассеяние лучей низких энергий (*на англ. языке*)

Isotopenpraxis 18 (1982) вып. 7, стр. 254 до 256
6 рис., — табл., 4 лит.

На основе упрощенной математической модели определяется вероятность возникновения фотона характеристического излучения серии к, возбужденного попадающим на детектор гамма-излучением низкой энергии. С учетом энергий связи электронов также определяется вероятность возникновения когерентно и некогерентно рассеянного нервичного излучения.

M. M. Abou Sekkina, M. Moharram, N. Abdel Haakeem

Electrical Conductivity of γ-Irradiated Native and Mercerized Cotton Celluloses (*in English*)

Isotopenpraxis 18 (1982) No. 7, p. 257 to 259
5 Fig., — Tab., 16 Ref.

In the present study, the electrical conductivity (σ) of ball-milled and NaOH treated cotton fibres were measured in vacuum. The induced electrical conductivity and the activation energy ΔE of γ-irradiated samples were measured as a function of radiation doses and at various temperatures. It was found that γ-irradiation of cotton fibres either decreases or increases its electrical conductivity. Thus, it was found that γ-irradiations of cotton reduces the conductivity of the samples having particles sizes ranging from 0·07 to 0·11 mm and the magnitude of the reduction deminuishes as the particle size increases. The results have also showed that for any given concentration γ-irradiation of NaOH treated samples causes an increase of the measured electrical conductivity.

M. M. Абу Секкина, M. Мохаррам, Н. А. Хакээм

Электропроводность облученной гамма-излучением мерсеризированной хлопчатой целлюлозы (*на англ. языке*)

Isotopenpraxis 18 (1982) вып. 7, стр. 257 до 259
5 рис., — табл., 16 лит.

Настоящая работа относится к измерению электропроводности (σ) хлопчатых волокон, обработанных в шариковой мельнице и NaOH, в вакууме. Введенная электропроводность и энергия активации ΔE облученных гамма-излучением проб были измерены в зависимости от доз облучения при различных температурах. Было установлено, что облучение гамма-излучением хлопчатых волокон или повышает или уменьшает электропроводность. Было найдено, что облучение гамма-излучением хлопчатых волокон уменьшает электропроводность проб, если величина частиц лежит между 0,07 и 0,11 *мм*, и что величина уменьшения сокращается, когда размер частиц увеличивается. Полученные результаты также показали, что при любой концентрации гамма-облучение обработанных NaOH проб вызывает повышение измеренной электропроводности.

Letters to the Editor

M. Stock, A. Bernasch, H. R. Schuette

Syntheses of Radioactively Labelled Compounds
Part. 48. Synthesis of (1-^{14}C)-Trichloroacetic Acid

Isotopenpraxis 18 (1982) No. 7, p. 260
— Fig., — Tab., 4 Ref.

D. Lehmann, G. Wunderlich, S. Riedel, R. Dreyer

Synthesis of Lithium-*t*-Butylate Labelled with ^{14}C through Acetone-1·3-^{14}C

Isotopenpraxis 18 (1982) No. 7, p. 261 to 262
1 Fig., — Tab., 3 Ref.

S. Riedel, R. Dreyer, S. Lueck, D. Lehmann, G. Wunderlich

Determination of Residual-Initiator Content after Anionic Solvent Polymerization of Acrylonitrile by Means of Isotope Dilution Analysis

Isotopenpraxis 18 (1982) No. 7, p. 262 to 263
— Fig., 4 Tab., 6 Ref.

Письма в редакцию

M. Сток, А. Бернаш, Х. Р. Шюттэ

Синтез радиоактивно меченых соеденений
48. Получение (1-^{14}C) трихлоруксусной кислоты

Isotopenpraxis 18 (1982) вып. 7, стр. 260
— рис., — табл., 4 лит.

Д. Леманн, Г. Вундерлих, С. Ридель, Р. Дрейер

Синтез меченого ^{14}C литий-t-бутилата через ацетон-1,3-^{14}C

Isotopenpraxis 18 (1982) вып. 7, стр. 261 до 262
1 рис., — табл., 3 лит.

С. Ридель, Р. Дрейер, С. Люк, Д. Леманн, Г. Вундерлих

Определение остаточного содержания инициатора после анионной полимеризации в растворе с помощью анализа разбавления изотопов

Isotopenpraxis 18 (1982) вып. 7, стр. 262 до 263
— рис., 4 табл., 6 лит.

Horst Völz

ELEKTRONIK

Grundlagen, Prinzipien, Zusammenhänge

3., unveränderte Auflage

1981. XX, 1002 Seiten — 783 Abbildungen — 160 Tabellen — gr. 8° — Leinen 95,— M

Bestell-Nr. 762 476 9 (6118)

Fast alle Naturwissenschaftler und Mathematiker gehen heute mit vielfältigen elektronischen Geräten um. Hier wird auf didaktischer Basis, ohne die Tiefe der ingenieurtechnischen bzw. theoretisch-mathematischen elektronischen Literatur anzustreben, ein Werk vorgelegt, das ein entsprechendes Selbststudium und damit eine Einarbeitung ermöglicht. Es behandelt dabei die Grundlagen der passiven Bauelemente und Schaltungen, Röhren und Verstärker, der unipolaren und bipolaren Halbleiter bis zu den Problemen der integrierten Schaltkreise und schließt mit ausgewählten Beispielen der Meßtechnik ab. Innerhalb dieser Teile wird ausführlich auf Rückkopplung, Leistungsverstärker, Störungen, Analog- und Digitaltechnik, Dünnfilm-, Dickfilm- und Hybridtechnik sowie auf die Halbleitertechnologie eingegangen.
In der 2. Auflage wurde vor allem die integrierte Halbleitertechnik auf den neuesten Stand gebracht, die Digitaltechnik konsequent von ihren Grundlagen bis zur Rechentechnik und bei den Bauelementen bis zum Mikroprozessor entwickelt.
Das didaktische Grundanliegen der verständlichen Entwicklung an Wirkungsprinzipien, das auch ein Selbststudium ermöglicht, ist unverändert geblieben.

Bestellungen durch eine Buchhandlung erbeten

THEORIA CUM PRAXI

AKADEMIE-VERLAG
DDR-1086 Berlin, Leipziger Str. 3—4

Contents of this Issue

Articles

Letters to the Editor

FSC
www.fsc.org
MIX
Papier | Fördert gute Waldnutzung
FSC® C083411

Zeitfracht Medien GmbH
Ferdinand-Jühlke-Straße 7
99095 Erfurt, Deutschland
produktsicherheit@kolibri360.de